Prototyping Lab

第2版 | 「邊做邊學」，Arduino的運用實例

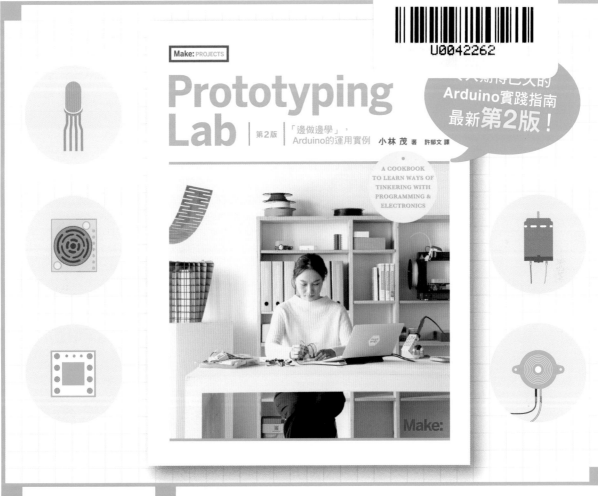

Make: PROJECTS

Prototyping Lab

第2版 | 「邊做邊學」，Arduino的運用實例

小林 茂 著　許郁文 譯

A COOKBOOK TO LEARN WAYS OF TINKERING WITH PROGRAMMING & ELECTRONICS

令人期待已久的 Arduino實踐指南 最新第2版！

U0042262

Make:

>> 35個立刻能派上用場的「線路圖+範例程式」，以及介紹了電子電路與Arduino的基礎

>> 第2版追加了透過Bluetooth LE進行無線傳輸以及與網路服務互動的章節，也新增了以Arduino與Raspberry Pi打造自律型二輪機器人的範例；最後還介紹許多以Arduino為雛型、打造各種原型的產品範例。

誠品、金石堂、博客來及各大書局均售

馥林文化　www.fullon.com.tw　f《馥林文化讀書俱樂部》🔍

定價：**680**元

CONTENTS

32

Courtesy of Naomi Wu, Matteo Stucchi, Adam Woodworth, Hep Svadja, Rich Nelson, Nat Heckathorn, Otto DIY

08

30

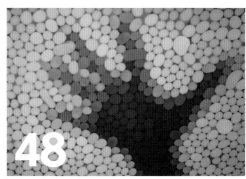

48

54

62

66

國家圖書館出版品預行編目資料

Make：國際中文版／MAKER MEDIA 作；Madison 等譯
-- 初版 . -- 臺北市：泰電電業，2018.7　冊；公分
ISBN：978-986-405-056-7　（第36冊：平裝）
1. 生活科技
400　　　　　　　　　　　　　　　　107002234

EXECUTIVE
CHAIRMAN & CEO
Dale Dougherty
dale@makermedia.com

*

CFO & COO
Todd Sotkiewicz
todd@makermedia.com

VICE PRESIDENT
Sherry Huss
sherry@makermedia.com

EDITORIAL

EXECUTIVE EDITOR
Mike Senese
mike@makermedia.com

SENIOR EDITOR
Caleb Kraft
caleb@makermedia.com

EDITOR
Laurie Barton

MANAGING EDITOR, DIGITAL
Sophia Smith

PRODUCTION MANAGER
Craig Couden

EDITORIAL INTERN
Jordan Ramée

CONTRIBUTING EDITORS
William Gurstelle
Charles Platt
Matt Stultz

**DESIGN,
PHOTOGRAPHY
& VIDEO**

ART DIRECTOR
Juliann Brown

PHOTO EDITOR
Hep Svadja

SENIOR VIDEO PRODUCER
Tyler Winegarner

MAKEZINE.COM

ENGINEERING MANAGER
Jazmine Livingston

WEB/PRODUCT
DEVELOPMENT
David Beauchamp
Bill Olson
Sarah Struck
Alicia Williams

國際中文版譯者

Madison：2010年開始兼職筆譯生涯，專長領域是自然、科普與行銷。

Skylar C：師大翻譯所口筆譯組研究生，現為自由譯者，相信文字的力量，認為譯者跟詩人一樣，都是「戴著腳鐐跳舞」，樂於泳渡語言的汪洋，享受推敲琢磨的樂趣。

七尺布：政大英語系畢，現為文字與表演工作者。熱愛日式料理與科幻片。

呂紹柔：國立臺灣師範大學英語所，自由譯者，愛貓，愛游泳，愛臺灣師大棒球隊，愛四處走跳玩耍曬太陽。

屠建明：目前為全職譯者。身為愛丁堡大學的文學畢業生，深陷小說、戲劇的世界，但也曾主修電機，對任何科技新知都有濃烈的興趣。

張婉秦：蘇格蘭史崔克萊大學國際行銷碩士，輔大影像傳播系學士，一直在媒體與行銷界打滾，喜歡學語言，對新奇的東西毫無抵抗能力。

曾筱涵：自由譯者，喜愛文學、童書繪本、手作及科普新知。

劉允中：畢業於國立臺灣大學心理學研究所，喜歡文字與音樂，現兼事科學類文章書籍翻譯。

蔡宸紘：目前於政大哲學修行中。平日往返於工作、戲劇以及一小搓的課業裡，熱衷奇異的搞笑拍子。

蔡牧言：對語言及音樂充滿熱情，是個注重運動和內在安穩的人，帶有根深蒂固的研究精神。目前主要做為譯者，同時抽空拓展投資操盤、心理諮商方面能力。

謝明珊：臺灣大學政治系國際關係組碩士。專職翻譯雜誌、電影、電視，並樂在其中，深信人就是要做自己喜歡的事。

Make：國際中文版36

（Make：Volume 61）

編者：MAKER MEDIA
總編輯：顏妤安
主編：井楷涵
編輯：潘榮美
網站編輯：偕詩敏
版面構成：陳佩娟
部門經理：李幸秋
行銷主任：莊澄蓁
行銷企劃：李思萱、鄧語薇、宋怡箴
業務副理：郭雅慧
出版：泰電電業股份有限公司
地址：臺北市中正區博愛路76號8樓
電話：（02）2381-1180
傳真：（02）2314-3621
劃撥帳號：1942-3543 泰電電業股份有限公司
網站：http://www.makezine.com.tw
總經銷：時報文化出版企業股份有限公司
電話：（02）2306-6842
地址：桃園縣龜山鄉萬壽路2段351號
印刷：時報文化出版企業股份有限公司
ISBN：978-986-405-056-7
2018年7月初版　定價260元

版權所有‧翻印必究（Printed in Taiwan）
◎本書如有缺頁、破損、裝訂錯誤，請寄回本公司更換

**Vol.37
2018/9
預定發行**

www.makezine.com.tw 更新中！

下列網址提供本書之注釋、勘誤表與訂正等資訊。 makezine.com.tw/magazine-collate.html

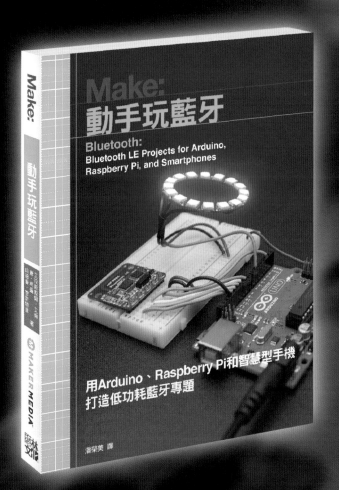

讀者自製專題與Maker們得到的啟發
Reader Builds and Inspired Makers

譯：劉允中

《MAKE》雜誌讀者戴維・馬修斯（Dave Matthews）打造了看起來超棒的「會開花的小夜燈」（《MAKE》國際中文版Vol.34 第 60 頁），送給他的朋友大衛・福爾摩斯（David Holmes），當作喬遷之禮，真是太棒了！

風雨中的寧靜

我訂閱《MAKE》雜誌很久了，通常我有興趣的都是「電子相關」的文章。後來，颶風瑪利亞（Hurricane Maria）摧毀了我們的島，一時之間水、電、通訊都暫時無法使用。我家公寓沒有辦法裝發電機，所以，我就只能在白天日光下看書（手機沒有訊號、沒有網路、電視也沒辦法看），在那段時間裡，我讀了好多之前的《MAKE》雜誌，我發現，只看電子相關的文章讓我「少了一半的樂趣」！其實，無關電子零件，《MAKE》雜誌的一切都和Maker精神的核心有關啊！

請繼續辦這麼棒的雜誌，我之後每一篇文章都會看！

——艾德嘉・波蘭可，
波多黎各聖胡安市

《MAKE》雜誌主編麥克・西尼斯（Mike Senese）回應：

艾德嘉，首先，我們謹表達對波多黎各的關心與祝福，希望一切很快能恢復如常。謝謝你分享在遠離電子產品的紛擾時重新發現的收穫，很高興《MAKE》雜誌也在其列。如果你做了什麼專題，記得要跟我們分享！

在 MAKER FAIRE 遇見你的英雄！

我是迪亞哥・查韋斯（Diego Chavez），今年十六歲，是來自瓜地馬拉的Maker，我特地寫信來表達我的感謝。四年前，我開始對動手做專題產生興趣，沒過多久，我就在YouTube上看到奇普凱（Kipkay）的週末專題影片，還有很多其他《MAKE》相關影片，幫助我開始自己做專題。我十三歲生日的時候，我跟爸媽要求說想要去參加舊金山灣區Maker Faire，我只能說，那是我人生中最美妙的經驗之一，我看到許多以前想都沒想過的專題，還看到我小時候的英雄亞當・薩維奇（Adam Savage，美國主持人、產品、特效設計者），聽完他精彩的演講之後，還跟他合照！不誇張地說，那天的經歷成就了現在的我，讓我更加充滿幹勁，努力繼續學習！

——迪亞哥・查韋斯，電子郵件

本月監獄違禁品

» **地點**：美國賓夕法尼亞州犯罪矯正局
» **書名**：《MAKE》雜誌英文版 VOL.59（《MAKE》國際中文版 VOL.34）
» **原因**：出版物第46至48頁、58至61頁包含防盜鎖與DIY熱顯像儀套件相關資訊

David Holmes

《MAKE》勘誤

在《MAKE》Vol.60（《MAKE》國際中文版Vol.35第80頁）〈iPad提詞機〉一文中，我們使用羅伯・南斯（Rob Nance）製作的分解圖而沒有放上他的名字，羅伯，很抱歉！

Culture and Creativity

文：麥克・西尼斯（《MAKE》雜誌主編） 譯：劉允中

這個紙板沙威瑪機是沙基工業夏令營中學生做的專題。

莎拉・朵紗莉分享 TekSpacy 收藏的《MAKE》雜誌。

因為工作的關係，我在各大 Maker Faire 穿梭來去，也會去參加其他《MAKE》相關活動，有時候還跑得挺遠，因此，我看到形形色色的 Maker 與專題，許多 Maker 朋友都充滿熱忱，如果可以，我也會很願意和大家分享這些 Maker 的故事。

去年，我去參加了兩個比較遠的活動，一個是科威特的 Maker Faire，有許多女性工程師參展，我在《MAKE》國際中文版 Vol. 33（第18頁〈女性站出來〉，英文版 Vol.58）有寫一篇相關的文章。另外一趟我去沙烏地阿拉伯的首都利雅德（Riyadh），待了12天，那個時候沙基工業集團（Sabic）辦了個夏令營，為期三週，請我們幫忙課程，我也就去參與了夏令營的前半。

出發前我心裡充滿好奇，還有一點緊張，不過，等我真的到了那邊，發現其實跟其他地方也滿像的，活動辦得很棒，當地人非常好客。我們與沙烏地阿拉伯當地和附近剛畢業的學生合作，他們對人非常好，心胸開放，很容易就成為朋友，也很快進入狀況。

根據當地習俗，夏令營中男孩和女孩分開在兩個不同的地方上課，帶他們的也都是同性別的大哥哥大姊姊，只要有女學生在，男性講師就不能接近。不過，學生都走了之後，講師們會聚在女生的教室討論課程安排，在這個討論會議中，我們很快發現，雖

然（也許正是因為）女孩們受到社會的框架，她們的專題不論是品質還是創意，都比男孩子還要出色。

那一次旅程的亮點，是我們其中一位夥伴莎拉・朵紗莉（Sarah Dosary）邀請我們去參觀她們的女性專屬 Makerspace，叫做 TekSpacy。我們午後的艷陽下開車穿過利雅德市，抵達她清新、舒適的工作空間，裡頭有 3D印表機、雷射與CNC切割機、設計工具等等，莎拉說，女性 Maker 在那裡不用帶面罩、穿黑紗袍，可以專心做專題或是為創業做準備。這和我們對沙烏地阿拉伯女性的印象截然不同，雖然不能開車，許多日常活動必需要男性陪同，但是，在這個工作空間裡，女性可以和創新育成中心合作創業並輔導其他女性。在沙烏地阿拉伯的社會框架限制之下，莎拉還是找出一條路，活出自我，不只她如此，她在夏令營中輔導的女孩們也是如此。

在這一期《MAKE》雜誌當中，我們聚焦在一群改造中國深圳的女性，跟莎拉一樣，我們都希望聽聽她們的故事，並且把故事分享給大家，我們誠摯希望 Maker 社群更加多元。如果你有任何建議，歡迎寄信給我（mike@makermedia.com）！

Mike Senese

MADE
ON EARTH

綜合報導全球各地精采的DIY作品

跟我們分享你知道的精采的作品
editor@makezine.com.tw

譯：敦敦

甜蜜小人國

INSTAGRAM.COM/IDOLCIDIGULLIVER

　　當你媽媽告訴你不要玩食物的時候，她肯定從來沒聽過I Dolci di Gulliver（格列佛甜點）。格列佛甜點是義大利甜點師傅馬特奧·斯圖基（Matteo Stucchi）的魔幻企劃。

　　斯圖基的特殊祕方是那滿滿一匙天馬行空的想像力。每道甜點都化為微小世界的一角。那些小模型在他用可頌打造的幻想小人國田園中，乘坐棉花糖做的熱氣球、為冰棒塗上層層水果餡料。2016年7月他拍了第一張作品，照片中三個小小模型乘坐著白色泛舟艇，在巧克力熔岩蛋糕流出來的熔岩上泛舟。作品的說明寫道，「誰沒有幻想過漂浮在巧克力河中？有時候夢想是能成真的。」大多數的小模型都是從特定的商店中買入，比較大型的擺飾則是斯圖基自己做的。

　　通常斯圖基通常會花2到3小時來製作甜點、布景和拍照，結束後和家人一起享用甜點。他的靈感來自於甜點本身，「甜點的外觀形狀或是製作過程會帶給我想法」他解釋道。

　　斯圖基作品中最美的一點是，他在每個場景中都製造了動作感和活力。有些照片捕捉了飛在半空中的飄浮水果，或是火箭爆發升空的樣子。其他的照片則捕捉了正灑出來的牛奶或是從空中灑落的糖粉。他試著在每項作品中製造驚喜的元素。許多的作品都在訴說小人國的人們製作巨大甜點的詼諧故事。「如果在拍攝每張照片時能感受到樂趣，那麼你同時也隨著興奮起來。知道有人因看見我的創作而感到興奮，這讓我充滿了喜悅。這代表我達到了心中的目標。」

　　——莎拉·維塔克

Matteo Stucchi

MADE ON EARTH

Katerina Kamprani

無用設計

譯：敦敦
THEUNCOMFORTABLE.COM

　　好的設計常被當成理所當然，反而是那些糟透了的設計才能吸引人們的關注。雅典的建築師兼藝術家凱瑟琳・卡布拉尼（Katerina Kamprani）就是往該設計發展的人。從2011年，她便開始精心設計非常難用的居家用品。

　　卡布拉尼挑選簡單又眾所皆知的物件來進行創作，分析之後，再找尋方法從中破壞人類和這件物品的簡單互動。她將能讓自己開懷大笑的創意化為3D模型。隨即她在2017年受邀在札格瑞布設計週（Zagreb Design Week）開個展時，才意識到自己應該做出實體的原型。於是她3D列印出樹脂零件、為脫臘法成品雕蠟、雕塑黏土，並和其他工匠合作，為不同的作品注入生命力。

　　當了10年的建築師後，卡布拉尼想將重心轉移到更「好玩」的事業。於是她開始就讀工業設計研究所，但卡布拉尼卻從未完成學業。「在那之後」她說，「我努力轉換跑道並離開了建築業，卻失敗了好幾次。只有當我停止努力及理解到工作並不是我的藝術遊樂場時，才能用一種自然的方式來開始屬於自己的專案。失敗當然很難受，但這也讓你更了解自己追求的目標——我要為了「好玩」設計！」

　　卡布拉尼最近在雅典的聯展中做了一張極為難用的桌子，這專案也是她隨手完成的，因此對未來將在何處，她也不知道。最近她開始思考創作東西來販售，將作品放進書中，或和孩子們進行創意活動。

——蘇菲亞・史密斯

譯：敦敦

樹木也要穿褲子

PETERCOFFINSTUDIO.COM T

　　位於南瑞典的沃納斯城堡（Wånas Castle）有著450年的歷史。現今化身為國際當代雕塑公園，展示著小野洋子（Yoko Ono）、珍妮·侯哲爾（Jenny Holzer）及瑪莉娜 阿布拉莫維奇（Marina Abramovic）等藝術家的作品。布魯克林的藝術家彼得·柯芬（Peter Coffin）於2007年，在此地展示他的裝置藝術，間接地開啟了無標題（樹褲子）創作系列的契機。柯芬說他不會嚴肅看待自己的藝術，並提到當時準備在沃納斯城堡設置一些大型作品，整個專案原先只是個玩笑話。「我找到一件超大的褲子，然後我決定把褲子穿到樹上面」，柯芬平靜地解釋。他還讓人們去尋找那件褲子，後來這棵穿著丹寧褲的樹得到了正面的迴響，沃納雕塑公園邀請他為城堡周圍的樹穿上褲子。他說，「找到所有的樹對一些人來說，會成為一種有趣的經驗。」為此他幫許多樹穿上褲子，也藏了一些讓人們去找。

　　柯芬為了將褲子穿上，先剪開縫線然後直接在樹上將褲子縫起來。他搭乘高空作業車到離地70英尺的高空進行作業，Levi牛仔褲也為此專案提供額外的丹寧布。柯芬也和一些專業裁縫師合作，好為樹木縫合褲子。

　　自原作的系列完成後，有一些樹被收藏家移植到世界各地，像是加州、巴西、法國、德國等地。

　　那，為什麼是褲子呢？「這暗示了我們有趣的小習慣，將沒有生命的東西擬人化，以自己的方式與事物產生聯想，就像在認識一部分的自己。」

——蘇菲亞·史密斯

Peter Coffin

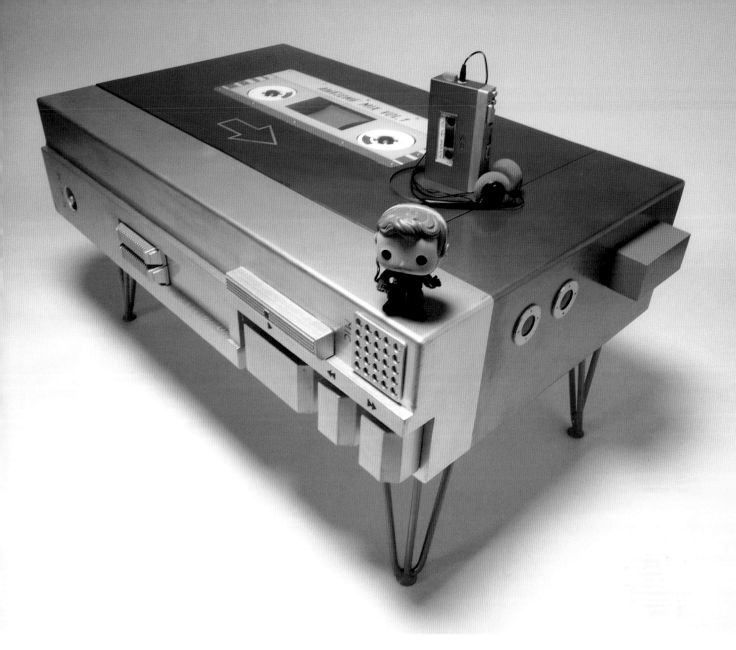

漫威化身卡帶復古桌

譯：敦敦
HOLMESYLOGIC.CO.UK
MAKERSHARE.COM/PROJECTS/WALKMAN-COFFEE-TABLE

自從在《星際異攻隊》看到星爵隨著卡式隨身聽的音樂起舞後，麥特·霍姆斯（Matt Holmes）就愛上了卡式隨身聽。電影都還沒演完，霍姆斯就知道他必須得到一臺卡式隨身聽。「我在eBay等等的網站上找得很灰心，也發現他們實際的價位是多少。」他說，「當我回過神後，決定要自己打造一臺。」

雖然做了幾個模型，但還是覺得少了點什麼。他想到應該衍生隨身聽的概念設計，但要怎麼做？命運自有安排，霍姆斯的新公寓急需一張新的咖啡桌，所以他將隨身聽放大了。

「我在網路上找到幾張很棒的參考圖片，有些圖片附帶一些理想的設計，讓我可以畫出一些簡單的計劃。」霍姆斯說，「我不會在事情開始前先想好整個製作過程，我反而喜歡先有個約略的計劃，然後邊做邊想。」

桌子的主體採用密迪板（MDF）製作，霍姆斯使用線鋸割出隨身聽的卡帶門，使用雷射切割的密迪板和透明的壓克力做成巨大的卡帶。音量鈕、麥克風網面等等的小零件都是用3D列印，比手工製作更快、品質更好。

霍姆斯承認最難的部分在於如何上色，讓整張桌子看起來像卡式隨身聽。「最大的問題在於，如何達到可以接受的上漆成果。在這麼大的物件上用噴漆罐拋光時，很難不留下線條。」他說。

雖然目前對這張桌子還算滿意，霍姆斯表示桌子還沒正式完工。他想透過藍牙或是將一臺黑膠唱盤放在桌子裡，讓這張桌子擁有播放音樂的功能。

——喬登·拉米

FIGHTING DISASTERS

文：布萊德・哈爾西　譯：蔡牧言

FEMA/K.C. Wilsey

與災難搏鬥
人道救援面臨的極端狀況，需要極端手段來應變。

**布萊德・哈爾西
Brad Halsey**

目前是創意顧問機構 Building Momentum 的執行長。曾當過音樂家，後來是化學家、現在則是一名 Maker，喜歡進出災區和衝突地帶解決問題，並致力教導大眾如何動手創作。總是對妻子和三個孩子尊敬無比。

去年十月，非營利人道主義組織團隊 Field Ready 到達聖托瑪斯島（St. Thomas），剛下飛機第一眼看到的，是被兩個五級颶風摧殘後的景象。這種程度的慘況，完全超出我們的理解範圍。我參加的這個非營利組織，到底該如何投入，為這個地方帶來一點改變呢？我想，那有點像在剝橘子，你把你的拇指插進去，然後再看著辦。

這種概念，是我在一個很極端的情況下學會的。有一次我們在巴格達，搭著一架老到不行的前蘇聯螺旋槳飛機，從高度 20,000 英尺處直接俯衝降落，就像開瓶器直線鑽入軟木塞裡一樣。儘管非常嚇人，但那是我第一次體認到，為了解

決問題，你需要對眼前的情況有充分的了解。為什麼我們要用這種方式降落，是因為當地發生暴動，時常有飛機被打下來。我搭的那架破爛飛機，屬於一個小型商業組織，他們專做這種將非軍事人員送入伊拉克的生意。因為無法負擔那些昂貴又帥氣的反飛彈系統，所以每當要降落時，他們會先讓飛機上升到一定的高度，據說超出飛彈射程，然後再直線俯衝下降。這是我碰過最快、最驚悚的降落方式，不過倒也是一個解決問題的好例子。

從那次伊拉克的經驗，到最近在加勒比地區參與的救災行動，我開始構思人道主義在解決問題、為這個世界做出貢獻所採取的途徑，以及改善的方法。我認為這條途徑還滿適當的，而且正是 Field Ready 在世界各地辦事的方式，由此我設計了一套淺顯易懂的指南，或許能協助大家剝那顆屬於自己的橘子。

有一次我在一個軍事衝突地區幫忙處理問題，這套指南就誕生了。人為災害和所謂的天災之間，相似之處很明顯。我發現其實只要做到 3 件事，就能有效地為這些災害現場帶來改變：

1. 融入環境
2. 大破大立
3. 快速送達

雖然說順序如此，但在實際情況下也有可能同時發生，而且本質上會互相影響、發生得快、又很容易交雜在一起。

融入環境

當我像個怪胎一樣進出伊拉克周邊，試著幫軍隊處理問題時，我發現如果想提出有用的解決方案、為他們設計當場就能使用的東西，我就必需融入軍人的世界。我跟士兵一起出任務，掌握第一手資訊，以他們擁有的設施和現有技術當作出發點。看著他們面臨的處境，有汗水、泥土、恐懼、未知、悶熱的流動廁所、還有卸除裝備的模樣，我一邊幫忙動腦筋，卻同時感到一股弔詭的恐懼與單調感交雜。

災害應變亦若是。雖然你的對手比較不緊迫盯人，也不能小看潛在的危險性。問題也可能比較模糊。籠罩在如此大規模的破壞之中，連想找個起點下手也顯得不可能，但是再一次地，你總是會在某個節骨眼，把拇指插進橘子裡。你下了飛機、放眼望去，發現了某個地方、某個團體或組織正在進行重建工作，或處理著什麼問題，你就直接加入他們了。

最近 Field Ready 在加勒比地區碰到了一間當地的工作坊 My Brother's Workshop（「我兄弟的工作坊」），正忙著修復附近的屋頂和其他東西。我們加入工作坊的行列，並和當地社區互動，瞭解他們的需求。我們融入環境了。我們接著面臨不同的問題，也激盪出不少我們可以提供的解決方案。這一切都是到達島上 24 小時之內發生的事，而這也在之後的一個週當中刺激著我，讓我設計了好幾個技術方案。

要融入環境，靠的不只是你的眼睛、耳朵、和腦袋，還

颶風災害後聖托馬斯空拍圖。攝影：美國聯邦緊急事務管理署，喬斯琳．奧古斯丁諾。

聖托馬斯工人為一棟受颶風損壞的屋子安裝臨時屋頂。攝影：美國聯邦緊急事務管理署，賽迪．比努姆。

科羅拉多州，瓦多峽谷森林大火後，飄揚在房屋殘骸中的美國國旗。攝影：美國聯邦緊急事務管理署，麥可．里格。

為紓緩淹水情況，聖托馬斯居民動手清理排水道。攝影：美國聯邦緊急事務管理署，K.C. 威爾西。

美屬薩摩亞海嘯過後。攝影：美國聯邦緊急事務管理署，凱西．德襄。

要動動你的嘴。不論是面對軍人、受災戶、還是同事，針對你的想法和對問題的認知進行頻繁、簡要的溝通，即使你可能在沙盤推演後，轉個頭又改變了想法，但這樣的溝通在快速規劃一些方案雛型時，是非常有幫助的。

不是任何人都可以進出衝突或災害現場，而且也不一定需要。即使在家裡，也可以針對問題來設計相應的解決辦法，只要過程中能充分、合理地模擬問題現場的情況就行。如果沒有足夠的視野（例如融入環境），或不清楚某項技術的使用者需要什麼幫助，那你最後只會做出乏人問津的小玩意（例如 Google 眼鏡）。

關於這種目光短淺的情況，有一件軼事。那是軍隊曾推行的一項計劃，起初是因為有新型的裝甲車要送到伊拉克和阿富汗，而裝甲車的電力系統超載，需要改善。士兵執行任務時，搭配使用的科技愈來愈多，裝甲車電力的需求也水漲船高。間歇跳電、甚至完全斷電，已經變成裝甲車的常態。所以軍方打算快速設計一套新的供電系統，希望能強化裝甲車電力系統的能耐。但是，隨著新系統的設計，人們開始加入更多功能、做更多調整，然後沒完沒了。

讓我們快轉到結局：士兵們很失望，說好的新系統從來沒有真的投入前線，因為軍方太過追求完美結果改到死。記得，「完美」可能會扼殺「適度的好」，在衝突或災害現場尤是如此。

Jocelyn Augustino/FEMA, FEMA/Sadie Bynum, Michael Rieger/FEMA, FEMA/K.C. Wilsey, FEMA/Casey Deshong

大破大立

融入環境後，可別安於現狀。環境隨時都在變化、敵人變幻莫測、而你快要斷糧了，動手做點什麼吧！在開始動手前，大部分的Maker傾向先盡量掌握眼前的狀況。掌握得愈多，壓力就愈少，而且做起事來更加舒適，對吧？這個嘛，你最好準備離開舒適圈。

當我身在現場時，從來沒辦法完全掌握整個情況。有時我會試著做點什麼，然後又捨棄重做。整個過程中弄壞了不少工具和科技產品，我曾燒掉整間實驗室，還搞砸電力系統、傢俱、電腦、昂貴的馬達、和大部分的電動工具。所有我碰過的東西，至少都被搞壞過一次。但這就是我的方式，沒什麼好辯解的。

不過說真的，我有恐懼。那種恐懼不是因為害怕搞砸什麼東西，而是擔心看在需要幫助的人眼中，我是失敗的；我怕自己搞不定眼前的難題，我不是應該扮演那個專門解決問題的人嗎？但是經過一次又一次的榨取，從我身上榨出來的，還是不乏失敗品（我稱之為「高科技垃圾」）。在極端情況下動手做的方法怎麼會是這樣？

很不幸地，就是這樣。這種方法，正是快速找出問題解法的途徑。如果想學會怎麼讓飛機降落，這可能不是最好的方法，因為機會只有一次，多餘的嘗試都是浪費（可能更糟）；不過當你要設計技術方案以解決特定問題時，重複嘗試就是你最棒的夥伴。另外，那些你想幫助的人，對風險的接受度很高，因為他們極需幫助。你根本沒時間害怕動手，或是畏

懼某個新的工具，做就對了。事實上，像這樣沒時間擔心來擔心去，是還滿奢侈的事，甚至是我們都該加以培養的一種心態（不過這是另一回事了，可能要再寫篇文章）。

快速送達

針對如何在極端情況下，動手幫忙做點什麼，我曾訓練過將近200名的博士生、科學家、工程師、教師、軍人、海軍陸戰隊員、還有專業人士，為此我感到很榮幸。我告訴他們，當你正為了某人的困難想方設法時，最重要的一件事，就是要把成果送到對方那。你可以做的唯一要務，就是親身將成果送達。很重要，所以要說兩次。聽起來理所當然，但實際做起來不簡單，有時甚至難到爆。

我在巴格達的一晚，收到一支分隊寄來的e-mail。這支分隊飽受砲火攻擊，還常碰上土製炸彈的威脅。敵人會躲在巷弄中，趁車輛經過時用火箭筒攻擊。我方分隊需要攝影機，協助他們觀測車輛前方的戰

況。要是能在車輛前側裝上攝影機，他們就能提早發現埋伏的敵人，甚至能找出隱藏在周邊環境中的土製炸彈。這些是我僅有的資訊，不過也足以我開始動手設計了。

為了解決這個難題，我熬夜趕工了一部PTZ攝影機，可以裝在車體的桿子上。隔天下午就安排了直升機，準備把它送去分隊那。我在傍晚時抵達現場，帶著這有點蹩腳、但也堪用的試作品。他們非常驚訝，距離寄出郵件不過才24小時，我就在槍林彈雨和四處亂竄的火箭之中，出現在他們眼前，還帶來這個…呃…尚可接受的解決方案。隔天太陽剛升起，我就安裝好這套系統，然後跟著出任務，確保它運作順利。雖然這趟任務沒堵到任何敵人或土製炸彈（除了很多小規模的槍砲攻擊之外），但也證明了我足以在最短的時間之內，為軍隊提供幫助。這份信任如穩固的基石一般，讓我可以繼續為他們改良攝影系統，也接著負責不同的專題，幫助其他陷於窘境的分隊。

在救災這方面，快速將支援送達，甚至比在戰地裡來得更加重要，因為受災戶早已身陷災害、精疲力竭、甚至感到孤立無援。雖然你只能仰賴現場殘存的資源，不過只要你隔天帶著解決問題的方法，回到現場與倖存者交流、合作，那就是非常有益處的一件事。這樣做會讓當地社群對重建工作產生參與感，即使是透過他人的幫助。

這正是Field Ready在做的事情，不只是在聖托馬斯，還遍及尼泊爾和敘利亞。我們融入環境、和優秀的夥伴合作、然後快速找出可解決的問題，接著設計有用的方法、再及時將它送達。

最重要的一課是：如果你出現時，沒有緊接著帶來點有用的東西，那再怎麼融入環境或重複設計東西，都是白費工夫；你可沒有十天半個月的時間能耗，明天就要。極端情況下的動手做需要快速思考。因為如果動作不夠快，那些需要幫助的人會對你失去信心。很快地，你就會變成一個只是在戰地或災區做東西的邊緣人。這樣一點也不帥。

當然，不是任何的問題都能用這種方式來解決。不過我認為在這種快速解決問題的過程當中，有一些概念值得融入所有創作的領域。這個世界需要你的好點子。生命短暫，做點有用的事。◐

HoloKit 顯示器。

REALITY CHECK

虛擬實境美夢成真
實用的DIY設計，讓你VR不求人
文：茉莉亞・史考特 譯：蔡牧言

茉莉亞・史考特
Julia Skott
是一名記者、作家、播客經營者、陶藝家，也會編織，還在學習讓種的植物活久一點。她在推特中會使用瑞典文、英文及不好笑的雙關語，帳號是 @juliaskott。

雖然VR（虛擬實境）和AR（擴增實境）技術看似為大型公司和電競產業的主場，不過只要到了DIY狂熱者的手中，它們也會化身為各種有趣的發明。不管你喜歡哪種實境，今天就讓我們一窺這些好玩的發明。

我其實沒出門

還記得VR剛推出時，玩家必需踏入一種看起來很奇怪的裝置，然後站在裡面的移動式平臺上嗎？其實呢，那東西即使到今天還是很管用，而且你自己就可以打造這種全向的「跑步機」，讓你玩遊戲的時候身歷其境到一個極致。這當然不簡單，不過也比其他VR改造容易。基本上，你需要準備一個凹面的八邊形底座，然後鋪上一層地毯；接著在周圍安裝一組支架，搭配附鉤子的彈力繩，讓彈力繩垂直交叉將人懸吊在中央；再來是一雙貼了家具移動墊（carpet slider）的鞋子，因為與地毯之間的摩擦力小，只要穿上它，不管你要追壞人、金幣、

3D 列印的 Vive 劍型控制器。

結合高爾夫球桿的 Vive 控制器。

讓勞氏公司的 Holoroom，帶你學習居家改造。

Polylens 眼鏡。

FreePIE 控制器。

VR 雷射槍型控制器。

HoloKit 顯示器。

HoloKit - holokit.io, Lowe's, Sabba Keynejad, Florian Maurer

還是其他東西，你都不必擔心會真的跑出底座之外。最後再加入一些感測器，以捕捉你的動向。想像一下不用離開房間，卻又能四處亂跑的感覺！（詳見youtube.com/watch?v=oi5DU2JfRhU）。

那有沒有其他身歷其境的玩法？在VR中來一場擊劍，看起來還滿逼真的，但除非你手裡真的握著一把劍，不然再怎麼壯烈的對決，那真實感都會毀在你手中的Vive控制器。為了克服這難題，FredMF設計了一把外型精美的3D列印劍型控制器，劍身中甚至加入了螺紋桿重現實際的重量（詳見thingiverse.com/thing:1802871）。

對VR射擊遊戲玩家來說，瞄準的同時，還要維持手部穩定，是一項挑戰。Gemsense公司利用現成的玩具雷射槍，結合藍珀面板，製作了這把可愛的太空手槍。搭配Google Cardboard顯示器使用，可說是玩家夢寐以求的配備（詳見gemsense.cool/make-

your-own-vr-gun）。

適合的配備，會讓遊戲過程加分許多，對VR高爾夫來說也是如此。Thingiverse用戶Dwooder巧妙地利用舊球桿握把，設計了這支Vive高爾夫球桿。有了它，即使面對後九洞，你也能揮桿自如（詳見thingiverse.com/thing:2071035）。

虛擬訓練

由做中學，一直都是很不錯的事，但你應該不想因此搞砸新買的蓮蓬頭、鑽破管線、或切斷電源。勞式公司推出的「Holoroom How To」（全息動手做）VR工具是很棒的解套，讓你置身虛擬的房間中盡情動手，不必擔心對真實世界造成任何損害。此套件配備充足，除內附頭戴式顯示器之外，還包含一組操作手把。手把甚至搭載了智慧觸覺回饋技術，讓你在練習粉刷、鑽洞、或砌磚時，能體驗到逼真的工具手感。對大部分人來說，比起閱讀說明書，親手嘗試總是能學得比較好。

這或許不像電影《駭客任務》中，那種虛擬的武術訓練來得酷，但從長遠來看也非常實用。當然，這還是得取決於你的生活風格。

全像，像不像

Microsoft推出的HoloLens，採用的基本上是AR技術，再透過一副帥氣的鏡片，使影像漂浮在你眼前、不侷限於螢幕。那副帥氣的鏡片，根本就是在挑戰你的Maker魂，不是嗎？網路上有各式各樣的設計，不需要負擔幾千美元的HoloLens，就可以把手機改造成攜帶式全像投影機，然後像星際大戰莉亞公主的經典橋段「幫幫我，歐比王」那樣，投射出立體影像。你可以參考的選項很多，例如取材自Google Cardboard顯示器的Cardboard Hololens（instructables.com/id/Cardboard-Hololens/），工具只需美工刀和絕緣膠帶就好；或花個35美元，買一組HoloKit顯示器；還可參照Polylens眼鏡，或其他更流

線、更科幻的設計。這當然不是一蹴可幾的事，你得重複實驗、甚至需要寫程式，但這樣比起買一副HoloLens便宜好幾倍，而且更有趣。

自製品萬歲！

HTC Vive控制器，一支要價大約100美元，而它不過就是握在手裡的棒子罷了（頂端裝了東西、外型很酷的棒子，但，就是棒子）。何不乾脆加把勁，自己設計一個功能一樣的控制器，而且還可以綁在手上，不需要一直握著？

這款設計，利用FreePIE（可程式輸入模擬器）結合位置和旋轉感測器的資料，藉此模擬Vive控制器內建的Arduino搖桿。拇指旁邊安裝了小型的控制桿，你可以參考同樣的模式，在其他手指的位置加裝按鈕和觸控器；如果你有耐心寫程式，還可以完全按照自己的想法來設計。如此一來，在打字、逛Instagram或做其他事的時候，你就不用放開控制器了。詳見imgur.com/a/obgP6。

規模製造之道 文：DC 丹尼森　譯：劉允中
Tipping the Scale

史考特・米勒和我們分享了他對產品從原型設計到量產的想法，也談到Dragon Innovation接下來的計劃。

史考特・N.米勒

早在《MAKE》雜誌、Kickstarter與Arduino開發板尚未問世之前，機械工程師史考特・N.米勒（Scott N. Miller）就已經在開拓硬體的邊境。在1990年代末期與2000年代初期，他住在中國四年，帶領iRobot的Roomba技術團隊，讓掃地機器人從設計原型走到量產三百萬單位的規模。米勒也在2009年共同創辦了Dragon Innovation，擔任過超過300間公司（包含MakerBot、Pebble、Ring和Formlabs）的生產製程顧問。2017年8月，科技經銷商Avnet收購了Dragon Innovation，最近，Kickstarter、Avnet和Dragon共同創辦了Hardware Studio（硬體工作室），提供特定Kickstarter團隊免費的套件與客製化的技術支援。

你認為，職業級Maker應該要知道哪些概念？

　　成本、時程跟品質。

▶ 成本有兩個組成要件：製造成本跟固定成本。很多人會忘記固定成本的部分，算成本的時候，只把材料費加總，以為這就是所有的花費了。但是，別忘了，還有固定成本要算，比如像是工具、射出成型鑄模、夾具、印刷模板、FCC（美國聯邦通訊委員會）認證、人事、廢料成本、經常費用、工廠

Dragon Innovation 輔導過的產品：Jibo 社交機器人（上圖）、Pebble 智慧手錶（右上）和 Petnet SmartFeeder 智慧餵食器（中間與右下）。

Jibo

DC 丹尼森
DC DENISON
是 Maker 職人電子報（Maker 與業界新聞網站 Maker Pro
Newsletter）的編輯，也是 Acquia 公司的資深科技編輯。

自身獲利等等，有許許多多列得出、列不出的成本。

▶▶ 關於**時程**，你需要知道關鍵的時間點，選定工廠、工作移交、試生產等等，知道每一步驟大概需要的時間之後，還要考量季節性因素，比如聖誕節會有很多人要購物，或者農曆新年期間所有人都放假等等，如果沒有搞清楚這些重要的時間點，一定會出麻煩。

▶▶ 最後，許多人都會忽略**品質**，但是品質影響最為深遠。大家都先想成本跟毛利，再來是時程。品質等於滿足需求的程度，你必須確實了解使用者的使用方式，生產的結果必須要契合使用者的需求。而且，有些事情不是那麼顯而易見，比方交通測試就是個例子。你的產品要禁得起中國顛簸的路面，運上船之後，還要度過四個月高達華氏100°的高溫，再飛到邁阿密。測試方法有很多種，比如說，你可以進行重擇測試。

最近與Avnet、Dragon、Kickstarter合作的原因就是為了這些嗎？

對。製造業的挑戰就是初期的決定影響重大，但是不容易在這個階段有足夠的洞察，在適當的時間做出正確的決定。

對硬體廠商來說，最近有什

麼發展在改變產業遊戲規則嗎？

最近有一些新的軟體工具來輔助硬體製造，我覺得這個趨勢還滿振奮人心的。一開始，大家幾乎都是用Excel來建立物料清單（BOM），而當公司規模變大時，就必須要尋找功能更強的輔助工具，不過市面上類似的工具不多。因此，有些公司只好繼續用Excel，有些公司就去尋找企業級的輔助軟體，不過這類軟體功能複雜，價格昂貴，而且可能很難學。

我們在iRobot導入企業級PLM與ERP系統，這些系統需要專人管理，軟體本身還需要付費，還有維護成本。如果你的產品已經量產幾十萬單位，這當然是值得的投資，不過如果你還在成長階段的話，就不會想花這個錢。

Dragon目前也在開發這類軟體對不對？

對，就是Product Planner（產品規劃軟體）。幾年前，我們推出Dragon標準物料清單，讓硬體社群擁有專業級的BOM模板可用，Product Planner也是以BOM為中心，不過，它不只是工作表而已，我們一直希望可以「教客戶釣魚」，而Product Planner正是釣竿！這個工具也包含了教學，讓客戶知道要如何前進，而且，不用花大錢，也不用花很多時間上課，也不需要再雇用一個專家來跑這個軟體。

中國跟美國之間，製造業有什麼不一樣？

我們看到的是，美國比較有機會進行較小規模的生產。如果只要製造一百個單位，在美國做比較容易，募款也比較容易，要製造十萬個單位也很容易，但是，要從1,000單位進展到5,000單位很困難，這是硬體製造的「死亡之谷」（Valley of Death），我認為，美國在這個方面比較有發揮空間。在中國很難找到工廠願意製造5,000單位的產品，要先找到工廠，還要跨越語言的問題。

不過如果你是從美國波士頓開車到附近伍斯特（Worcester）的小工廠，你可以坐下來跟他們講相同的語文，說「這就是我要做的東西」，就這麼簡單，也不用花五個小時等待海運到貨。

你覺得Kickstarter專案還缺乏什麼面向？

人活著就要吃，所以食物製造業一直有穩定的利潤。我滿喜歡Blue Apron（生鮮食物送貨到府的電子商務公司），不過他們的食材還是用手切，或許可以將機器人與食物結合，製造健康的食品。我知道有一些公司以此做為投資事業，不過好像沒有在Kickstarter上看到。 ◗

Pebble, Petnet

「藝」「業」結合
文：顏妤安 協助採訪：趙珩宇
照片提供：Perkūnas Studio

Cross-Field Innovation

重溫臺灣Maker洪瑞良和Perkūnas Studio的故事，並聽聽他是如何看待商業與藝術之間的關係。

《新現代－獸》

在2018灣區 Maker Faire 會場，有一組從臺灣遠渡重洋的參展者，以精緻的鋼鐵藝術作品讓不少現場民眾為之驚嘆，還一舉獲得兩條由主辦方頒發的「MAKER of MERIT」（精選 Maker）藍絲帶──他們就是來自高雄的「Perkūnas Studio 雷神藝術工作室」。去年，我們在中文版 Vol.27〈數位工藝〉一文中就曾採訪過 Perkūnas Studio 的創辦人洪瑞良，一探他們摸索數位技術與設計工藝如何結合的過程。這次將邀請他進一步分享在工作、商業及創作上的心得。

可以聊聊你們這次在灣區 Maker Faire 上所展出的作品，以及參觀民眾的反應如何嗎？

這次主要帶了四件作品過去展示：《新現代-獸》、《馬首》，以及垃圾鴿和安娜貝爾。垃圾鴿因為在 YouTube 上面有高達 3,000 多萬的點閱率，也被轉載分享到 9GAG 等網站上，因此有不少在網站上看過影片的小朋友一看到這項展示就主動跑過來；《新現代-獸》、《馬首》則是比較吸引大人，受到滿多工程師和藝術家關注和詢問。

我覺得在國外展出作品得到的回饋，和在臺灣得到的反應很不一樣──在國外不會被問「你這個東西是用來幹嘛的？」他們會直接稱讚你的作品很酷、問你可以摸摸看嗎，甚至是提供自己的想法，幫你想想這些東西還可以拿來做什麼？（甚至有位老爺爺還開玩笑說，要把雕塑的骨架拿來換成自己的脊椎）。有些工程師會與我討論作品的設計，並詢問關於

製造的細節，也告訴我美國的環境比較難讓一個人集中做這件事；也有藝術創作者詢問零件取得的方式，並表示想把零件用在自己的作品上。另外，也遇到不少對工作室名稱感到好奇的立陶宛人（笑）

（註：「Perkūnas」為立陶宛神話中的雷神，同時也掌管工藝和美術。）

在這一年間，Perkūnas Studio 雷神藝術工作室的業務有什麼進一步的發展嗎？

之前做出枋山郵局的「伯勞鳥信差」郵筒後，也陸續接了許多結合玻璃強化纖維（FRP）和 3D 列印製作大型輸出物的案子。另外還開了玩具店！主要目的是希望讓大家知道這些玩具在製造的時候，可能也是用 3D 列印技術進行打樣，才得以製作出來的。除了販售玩具外，我們也和國內外玩具廠商接洽，協助廠商製作玩具原型，像是《復仇者聯盟3》中薩諾斯無線手套等授權玩具的打樣，也是由我們製作。像這樣應用數位製造技術的案例，算是近期開發出的新業務。

這次去美國也讓我有些新想法，希望能在當地發展一些比較接近純創作的東西。未來，也想要接觸服飾、時尚相關領域。我覺得一個好的產品除了功能性、穩定性佳外，對外觀也要有所要求才行，做出能達到各方面要求、讓所有技術相輔相成的成品，是我們發展的目標。

對你來說，商業與藝術之間有什麼樣的關係呢？

藝術跟商業之間不能說是沒有關係，比起購買一件普通的

東西，購買一件藝術品背後的商業操作可能比你想像得還要深入許多。講得比較淺顯易懂一點的話，純藝術的東西需要大量投入自己的時間、金錢和心力去創作，又要花上好一陣子時間「等待有緣人」。但如果藝術家產出量太低，做的東西又不符合大眾市場的話，其實很難獲得所需要的關注；因此有些人會做取捨──讓作品是藝術的同時又兼具功能性，好讓作品「更符合大眾市場」一點。例如有人會希望我在雕塑上加入檯燈的功能，因為他會希望自己購買的不只是一尊雕塑，而是有功能性的東西；也有許多人問我能不能改做一個塑膠的版本，或是一個未組裝的版本等。我覺得要如何取捨，端看自己對自己的作品怎麼定義。像我當初以不鏽鋼製作品，就是希望它永遠不要壞掉，假設按照別人的要求製作成塑膠版本，就會和創作理念背道而馳。目前因為我們的主要收入來源並不是藝術這一塊，所以我可以選擇堅持自己的理念，繼續等待願意收藏作品的人出現；但如果是要以藝術生存下去的話，那可能就要變通一下，想想之後要如何發展才有機會。

可以分享一下你保持創作動力的訣竅嗎？

關於保持創作動力的部分，單純只是做好玩的東西的話，大多是靈機一動就馬上做出來的，這可能跟我從小到大都是讀美術有關，創作原本就是我的興趣。不過如果是創作高階藝術作品的話，過程其實是很痛苦的──你難以想像的痛苦。例如進行不鏽鋼雕塑製作時，我每天都只睡三個多小

時，持續這樣長達三四個月；前期也花了兩年開發，投入超過200萬以上。你說這好玩嗎？一點都不好玩。但當你堅持到最後，完成了有一定水準的作品後，那件作品就會為自己帶來莫大的成就感，重新燃起自己的熱情，並支持自己繼續投入精神和力氣去做這樣的事情。

對於想投資高階數位製造機具的 Maker，有沒有什麼建議呢？

以我自己本身的例子來講，過去是因為先買了 MakerBot Cupcake CNC 後，覺得不足以應付自己製作作品的需求，所以才決定投入80萬購買高階設備。剛好在那個時間點跟上了數位自造的潮流，才得以發展成現在的規模。以現在來講的話，有低、中階機具的人其實已經很多，大公司也都買得起高階設備。如果只是想靠買機器來賺錢，坦白說很困難。但如果是為了自己的創作而購買高階機具的話，我其實是不反對的。像我就不喜歡找代工，也不喜歡發包，覺得速度太慢，而且會中斷我創作的能量跟興致。正是因為這樣想到就想馬上做出來的個性，才讓我想投資一套自己的設備。如果你有閒錢，又是想創作自己的作品，不妨可以像我這樣做；但如果只是為了跟風賺錢，那真的要深思熟慮一下。⬤

3D列印微型FPV四軸飛行器
3D Printed
Micro FPV
Quadcopter

輕量級高速競賽機，以第一人稱視角放膽翱翔天際

文：亞當·坎普　譯：曾筱涵

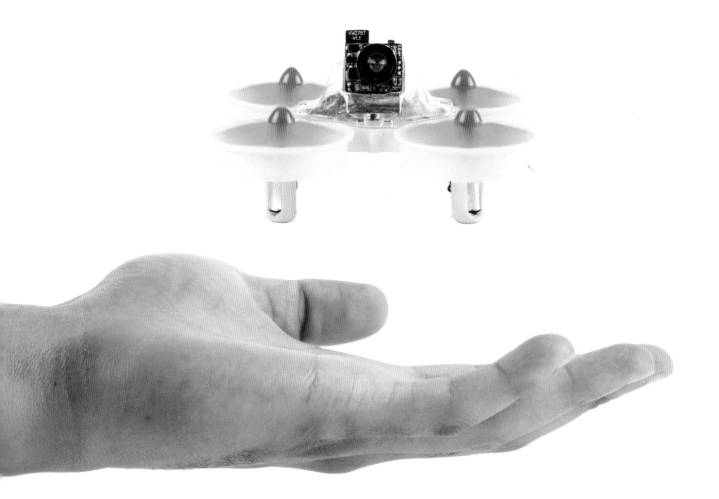

時間：
30～60分鐘
成本：
60～80美元

材料

微型四軸飛行器：

» 3D 列印零件 機框架 (1) 和控制盒 (1)，
至 thingiverse.com/ thing:2037157
下載免費 3D 列印模型。
» 馬達，19000KV，6mm×15mm
順時針方向 (2) 和逆時針方向 (2)，於
Amazon Crazepony 商店購買，一
包四入，#B01N9ETA9Z amazon.
com。
» 螺旋槳，直徑 31mm，安裝
孔徑 0.8mm 正槳 (2) 和反
槳 (2)，Amazon Crazepony
#B01MZ3UZGQ，一包八入。
» 攝影機，AIO 型附座架，5.8GHz 發射
機，Amazon #B01LYAW6S6。
» 電池，LiPo（鋰聚合物電池），3.7V
150mAh，適用於 E010 或 H36 四
軸飛行器，請參考 Banggood 購物網
#1075947，banggood.com。
» 螺絲，M1.2×3mm 自攻螺絲 (4)，
Amazon #B01M1CI4PA。
» 橡皮筋，直徑 1cm 左右 (2)，髮圈也可
以。
» 接收板，6 動 PPM，與 FlySky FSI6-
RX 相容 我使用 Usmile Tiny 6CH，
Amazon #B01MXH8XQ1
» 飛行控制板，Eachine Tiny F3
Brushed Banggood #1087648
» 束線帶，⅛"，拉力 18lb 即束線帶
» JST- 連接器，JST-PH 公頭 Banggood
#1147298
» 繞線用線，線徑 30 Gauge，有絕緣層

你還需要：

» FPV 眼鏡，5.8GHz
» R/C 發射器，與 FlySky 產品相容，6+
通道

工具

» 熱熔融沉積式 3D 印表機（非必要）你
可以自己列印零件，或將 3D 檔送印。
請上 makezine.com/where-to-get-
digital-fabrication-tool-access 尋
找適合的印表機或列印服務。
» 烙鐵 推薦使用可調溫烙鐵。
» 焊錫，松香芯焊絲
» 剪線器，小支
» 剝線鉗，線徑 30 Gauge 最為理想
» 螺絲起子，#1 十字起子
» 美工刀
» 膠帶，雙面泡棉膠帶

亞當‧坎普
Adam Kemp
任職於普林斯頓國際數
學與科學學校，教授高
中工程，聯合執掌科
學、科技、工程、藝術
及數學(S.T.E.A.M)院
所，他的著作《自造者空間成立指南》（The
Makerspace Workbench）是廣為人採用
的參考資源，英文版可於 makershed.com
購買（中文版由馥林文化出版）。

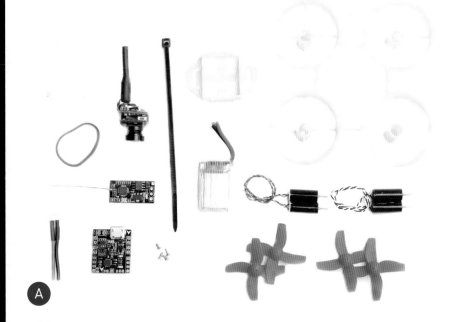

從 我小時候開始製作無線遙控模型至
今，世界已有不少改變，我的製作初
體驗始於一個以 Cox 0.49 馬達推進的小木
船套件，小船由伺服馬達帶動，控制裝置
的 AM 無線設備非常兩光，不但收發範圍
有限，船還跑得非常慢，儘管如此，我卻
從此為之著迷，不可自拔。

歲月如梭，時光推移至今，科技已有驚
人的變化。舉凡用於慣性感測和穩定控制
的 MEMS 感測器和自動駕駛儀、高效能馬
達還有接收器體積比零錢小的多頻道數位
無線系統，種種科技問世賦予人們打造 R/
C 遙控裝置的能力，以往僅止於腦內的想
像，如今已可付諸實現。

雖然，以下要教大家製作的小型四軸飛
行器並不是最貴或最複雜的，有些人甚至
還會因為它沒有無刷馬達而嗤之以鼻，但
這卻是我有生以來最有趣的飛行體驗。啟
動四軸機，戴上眼鏡的那一刻，就好像踏
進特技飛機的駕駛艙，你所歷經的一切猶
如科幻小説情節，但眼前所見卻是全然真
實的世界，大小還是現實的十倍。現在，
蒐集你所需的各個零件（圖 A），準備好
相匹配的 FlySky 6+ 頻道發射器，再加上
一副 5.8GHz FPV眼鏡，我們要開始囉！

1. 飛行器機體框架製作

比起商品化的微型四軸飛行器，本專
題的優勢就在於機體輕盈，重量不到 25

公克，而且能以極低的成本在家自行完
成維修，我的印表機印製新零件只需 45
分鐘（圖 B），所以我手邊總是有備用
零件，以便飛行器表演特技失敗或被樹
卡住時使用。開始製作前，請先至我的
Thingiverse 頁面下載列印機體框架和控
制盒所需的最新列印檔案，並將印表機設
定如下：

塑料類型：	PLA或ABS，其他塑料未經測試
層厚：	0.1mm
填充率：	大於50%
支撐：	僅支撐底面
側裙功能：	不使用，除非列印品無法順利附著列印平臺

我已經用 PLA 成功列印出許多機體框
架，PLA 比 ABS 堅硬些，整體穩定性
較高，不幸的是，它的質地較脆，我也
試過用光固化 SLA 印表機以高強度樹脂
（Tough Resin）作為材料列印，但由於
框架的壁厚非常薄，列印時容易翹曲，整
體效果不佳。

列印完成後，從平臺取下列印零件，用
剪線器和美工刀清除多餘的塑料及支撐。

2. 安裝電子零件

剪三條 2cm 的導線，剝線完成後，焊接
到接收板上的 +5V、GND 和 PPM 焊盤（圖
C），至於是否有配對（ Bind ）按鍵，端
視你購買的微型 FlySky 接收板而定，如果
沒有，接上電時可取第四條導線暫時連接

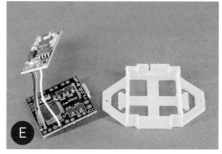

D

E

F

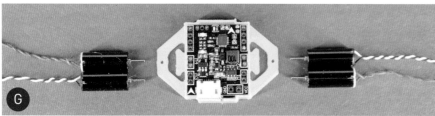

G

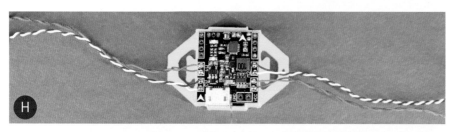

H

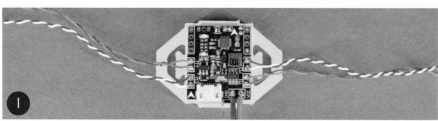

I

J

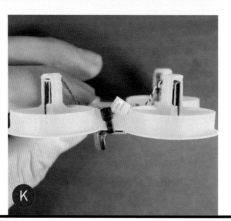

K

配對接點與 GND 焊盤，以利進行接收板配對，我自己則使用麵包板跳線成功完成接收器配對，沒有焊接。

　　將接收板上三條導線的另一端絕緣層剝下 1mm，焊接到飛行控制板底部相對應的焊盤上（圖 D ）。請按照 Banggood 網站上零件 #1087648 頁面所示的圖進行焊接，確認導線都有焊在正確的焊盤上（ PPM 接 RX2、+5V 接 +5V、GND 接 GND ）。

　　接著，將接收板和飛行控制板（圖 E ）置入控制盒，首先，輕輕按壓接收板，放進適當的位置，將表面有黏著電子元件的那一側面向盒底，天線再順著凹槽放入。將導線整齊收納於兩電路板間，再把飛行控制板輕輕放置盒上（圖 F ），現在，控制盒底部應有足夠的空間，讓你能接觸到配對按鍵／焊盤。

　　將馬達集中放置，再把馬達導線小心互絞在一起（圖 G ），這個動作有助於減少電磁場干擾，亦可防止導線在飛行過程中卡住，若你的馬達配有微型 JST 連接器，請從靠近連接器處剪斷，剝去導線末端約 1mm 長的絕緣層再焊接。

　　接下來，將馬達導線用焊錫焊接於飛行控制板上，如圖 H 所示。顏色順序非常重要，請務必遵循，因為這將決定馬達的旋轉方向，本專題的設計為其中兩個馬達順時針旋轉（藍／紅，馬達 1 和 4），另外兩個逆時針旋轉（黑／白，馬達 2 和 3）。

　　最後，剝好電池導線、點上錫線後，再

Adam Kemp

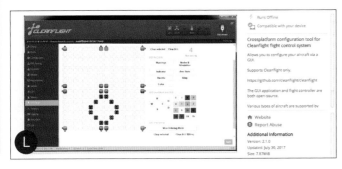

焊接到飛行控制板上（圖 I ），焊接時請仔細對照極性記號：紅色導線（正極）連接到VCC焊盤，黑色導線（接地）連接到GND，電池輸入無電路保護功能，因此，電池若接反飛行控制板很有可能會燒壞。

3. 組裝飛行器

用兩個M1.2螺絲將控制盒和機框鎖合，再將馬達輕壓入相對應的安裝座上。

接著，用連接於控制盒底部卡榫的橡皮筋或髮圈，將飛行控制板和馬達的導線固定（圖 J ），此時請勿安裝螺旋槳。

使用束線帶固定電源線，以免導線擋到USB插槽影響使用（圖 K ）。

4. 接收板與發射器配對

依照無線發射器製造商所示的配對程序，將發射器與你的四軸飛行器進行配對，開始之前，請按住接收板的配對按鍵（或將配對焊盤接地），再將四軸飛行器接上電池，藍色配對燈應該會亮起，並持續亮燈，此時，你就能與無線系統進行配對了。

為了再次確認配對是否成功，請先將四軸飛行器電源關閉，測試無線發射器能否控制四軸機。接下來，先開啟無線發射器電源，再啟動四軸機，此時，接收板上的藍燈應該會開始閃爍，這就表示配對成功了！現在，關掉發射器和四軸飛行器，電腦要開機囉！

5. 設定飛行軟體

Cleanflight是免費的飛行控制開源軟體（ github.com/cleanflight ），可供多軸飛行器和固定翼飛機使用，以下是為你的小四軸進行軟體設定的步驟。

請 使 用Google Chrome瀏 覽 器，至Chrome應 用 程 式 商 店 下 載 並 安裝「 Cleanflight Configurator 」（ Cleanflight組態設定器），我寫這篇文章時安裝的版本是2.1.0（圖 L ）。

將USB線插入飛行控制板，再與你的電腦連接，啟動Cleanflight Configurator後選擇韌體（圖 M ），請於視窗右上角選擇正確的COM埠，電路板類型設定為SPRACINGF3 EVO，再選擇最新的韌體。

在網路上下載韌體，若你之前已下載過，請從電腦本機載入，接著按下「 Flash Firmware 」（閃存韌體）按鍵，此時韌體應該已載入你的飛行控制板。

> 如果你的Windows顯示「 Failed to open COM port 」（COM 埠啟動失敗）警告，可嘗試用Arduino等輔助軟體平臺打開和關閉連接埠。

按下「 Connect 」（連接）鍵，你就會進入「 Setup 」（安裝）頁面（圖 N ）。在此頁面中，你可以藉由移動四軸飛行器觀察相應的視覺化顯示，由此驗證你的飛行控制板是否正常運作。將你的四軸飛行機置於平面，按下「 Calibrate

Accelerometer 」（加速規校正）鍵，校正過程通常約需15秒，期間請勿觸碰四軸飛行器，當Pitch（俯仰）和Roll（橫滾）讀數穩定停留在0°附近就完成了。

點選「 Ports 」（連接埠）選單，設定各個連接埠（圖 O ），請確認UART1和USB VCP皆設定為115200鮑（ Baud，調變速率單位），其餘選項都設為停用，按下「 Save and Reboot 」（儲存並重置）鍵，若裝置沒有自動重啟，請重新連接你的四軸飛行器。

進入「 Configuration 」（組態）選單，確 認「 Motor PWM speed Separated from PID speed 」（ 馬達脈寬調變速度與PID速度各自獨立 ）設定為開啟，「 MOTOR_STOP 」（ 馬達停止 ）為停用，「 Disarm motors regardless of throttle value 」（不論油門值多少一律鎖定馬達）開啟（如下頁圖 P ）。

往 下 捲 動 頁 面，確 認「 Receiver Mode 」（接收模式）已設為「 PPM RX Input 」（ PPM RX輸入 ），再確認「 System Configuration 」（系統組態）項下之「 Telemetry 」（ 遙測 ）已啟用，「 Transponder 」（詢答機）和「 RSSI 」（訊號強度）為停用。繼續設定前，請點「 Save and Reboot 」按鍵（圖 Q ）。

接著前往「 PID Tuning 」（ PID調整 ）選單，按下「 Reset all profile values 」（重置所有設定值）按鍵（圖R ），各欄位會先採用一組預設值，後續調整將以這

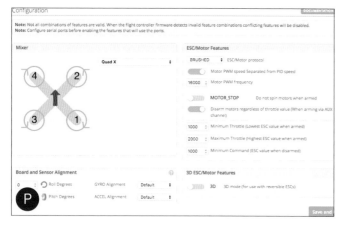

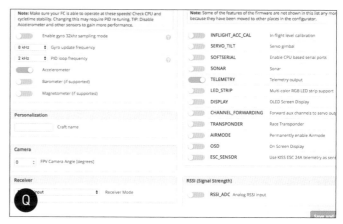

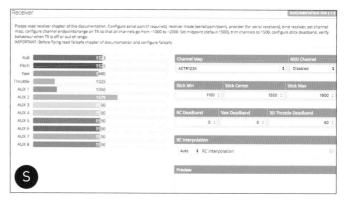

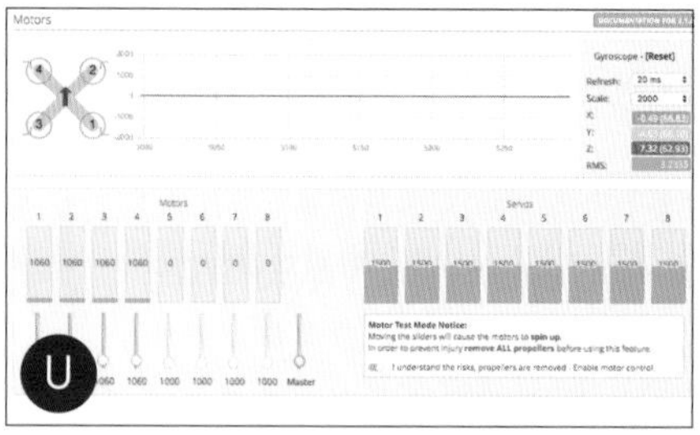

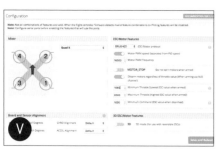

些值為起始點，你可以藉由調整數值以符合你的飛行方式（其他與PID值設定有關的問題，請查閱Thingiverse網站的BWhoop頁面，也可以查看其他使用者如何設定四軸機，如Tiny Whoop，或查看其他人設定飛行控制板時所使用的數值，如Beecore），請記得儲存再繼續設定。

點選「Receiver」（接收板）選單，開啟你的無線發射器，你應會看到接收板上的藍燈開始閃爍，並看到電腦以長條圖顯示各頻道資訊（圖**S**）。若你移動無線發射器操作桿，長條圖顯示的資訊也會跟著改變，請再次確認頻道方向及各項數值已修改設定完成，頻道1－4讀數為**1500**，3D預覽圖中的四軸機運作正確，儲存後再繼續。

點選「Modes」（模式）選單，按下「ARM」（武裝模式、馬達鎖定／解鎖功能）和「ANGLE」（角度模式、自穩功能）模式中的「Add Range」（增加範圍）按鍵，我的控制板設定為使用頻道5（AUX 1）及頻道6（AUX 2）來對應「ARM」及「ANGLE」開關，滑動數值與開關相應，調整好後測試其功能（圖**T**），繼續設定前，請先儲存。

接上電池，點選「Motors」（馬達）選單，此處請先設定為最小值以啟動所有馬達（圖**U**），同時，開啟「Motor Test Mode」（馬達測試模式），將「Master」（主控）上調，直到馬達開始持續轉動──這時請記錄油門值。

請確認每個馬達的轉動方向皆正確，標記也都沒有錯，接著從第1到第4個馬達逐一調整滑桿值，利用軟體所示的圖與實際情形互相參照，確認馬達的位置和旋轉方向。

接下來，回到「Configuration」選單，將「Minimum Throttle」（最小油門值）（圖**V**）設為你剛才記錄的數值，我當時的數值是1,060，現在按下「Save and Reboot」鍵，你的飛行控制板蓄勢待發囉！

6. 接上攝影機

移除攝影機電源線末端的小型JST連接器，剝線後於線末端上錫。把導線向下穿過座架上適合的孔隙，將相機固定於座架，再用塊雙面膠黏住，以防墜機時相機彈出來。

將電源線焊接到位於飛行控制板USB插

槽附近的大電容上（圖 W ），執行此步驟時請小心，一不小心就會造成電容四周的電子元件短路。

還有個替代方案，你也可以將相機電源線焊在與電池線所用相同的焊盤上。

用兩個M1.4螺絲確保相機穩固（圖 X ），現在，四軸飛行機要進行飛行前測試囉！

7. 飛行前測試

將第二條髮圈連接於控制盒底部卡榫，將電池固定到位（圖 Y ），接上電池並將四軸飛行器平放，開啟無線發設器電源，再啟動四軸機（ ARM ），此時，馬達應會開始怠速轉動，請確保馬達依正確的方向旋轉，同時與油門值和姿態儀數值相對應。

打開你的FPV眼鏡電源，找到攝影機所在的頻道，將頻道調整到干擾最小的那個，依我使用此攝影機的經驗，飛行前多少要在各頻道間切換測試一番，任何干擾都會大大影響其通訊範圍。

關閉並移除飛行器上的電池，將四個螺旋槳對準馬達轉軸，依照正確的方向安裝，直直往下按壓裝入（圖 Z ），我的螺旋槳標記A表示為逆時針，標記B表示為順時針，儘量不要以扭轉或撬動的方式將螺旋槳裝上或卸下馬達，因為你很有可能會弄彎馬達轉軸，到這邊你的四軸飛行器就大功告成，準備起飛囉！

起飛吧！

戴上FPV眼鏡，你的3D印列微型四軸飛行器處女航即將啟程！希望你喜歡這臺小四軸，也希望它的續航力能有好幾個小時，帶你四處翱翔。我想，最棒的一點就是你可以坐在家門口，把周圍當作賽道，不必擔心弄傷別人或者弄壞昂貴的零件，而且，若飛機真有損壞，只要花幾分錢就可以印製新零件。

你也可以試著使用不同的零組件，譬如換成不同KV值的馬達、輕一點的相機、兩葉或三葉的螺旋槳或者不同材料的框架，直到一切都正合你的飛行風格。若你完成組裝，請用推特標記（ @atomkemp ）分享給我，我很樂意提供微調建議，讓你的飛行更加順暢無礙。

記得上KempBros部落格（ kempbros.github.io ）查看此專題的最新消息以及更多和FPV世界有關的刺激冒險。另外，目前有為數不小的社群在玩小型四軸機，請查詢你當地的模型愛好者聚會，或者上網搜尋如RCGroups（ rcgroups.com/micro-multirotor-drones-984 ） 或 上Reddit（ reddit.com/r/Quadcopter ）等網站尋求建議，也可以和大家一起飛行。

老生常談，請確實遵守你所在地的FPV飛行模型相關規定及法律，祝你有個開心有趣的模型體驗！ ◢

Adam Kemp, Hep Svadja, FliteTest

更多有趣的飛行專題

FPV夜間飛行
makezine.com/go/infrared-night-flying
太陽下山就不飛了嗎？啟動你的紅外線升級版FPV無人機，來一場夜間飛行。

HOVERSHIP：3D列印競速無人機
makezine.com/projects/hovership-3d-printed-racing-drone
3D列印這個全尺寸的競速底盤，再跟專業人士較量一番。

打造你的第一臺三軸飛行器
makezine.com/projects/build-your-first-tricopter
三軸比起四軸更平順，影像效果也更佳，何不試試？

保護R/C電子設備從零件做起
makezine.com/projects/how-to-protect-your-rc-electronics-from-the-elements
小小水窪就能毀掉玩RC的美好時光。隨時準備好備用品，讓你的電子設備免於水患。

A

B

C

亞當‧伍德沃思
Adam Woodworth
一生沉迷於飛航，從小就熱衷於 R/C 遙控飛行，目前在 X 創意實驗室（X, Alphabet's innovation lab）擔任硬體工程師。

Doctoring Drones

文：亞當‧伍德沃思　譯：曾筱涵

無人機大改造 想像力大解放──以玩具為靈感打造四軸飛行器

三年前，我把四軸飛行器的旋翼和孩之寶（Hasbro）推出的星際大戰 Speeder Bike 飛行機車結合，沒想到這件事情為我帶來上百萬的 YouTube 瀏覽次數，也讓我結交好幾百位 Maker 新朋友，心中更升起一股想讓不該飛的東西都飛起來的慾望，久久無法消弭。現在，每當我走在賣玩具的商店街，仍會一直思索下一個改造目標。

重量

在飛行的世界，重量就是王道。塑膠是用來打造逼真模型最簡單易用的材料，但塑膠重量較重，這時刻磨機就是你的好朋友，再以砂輪除去多餘的部分，並將非結構性的部位改用較輕量的材質製作，假如你找不到，或是不想用別人無償提供的裝置，有許多免費的飛行船紙模型可以用，就是科幻場景最常見的那種飛行船。用塑膠或發泡材質重製這些模型，輕輕鬆鬆就能獲得更輕又更細緻的模型（圖**A**）。

升力

接下來考量的是飛機升力，改造時須盡可能地將推進系統與模型結合（圖**B**）。黑色旋翼轉動時幾乎看不見，現在有許多以透明塑膠製成且大小不同的旋翼可供使用，轉動效果非常好，多軸飛行器朝想要的方向前進時，機身必會傾斜，若旋翼的安裝位置與機身其他部位齊平，往前飛時會機頭會向下，呈現奇怪的角度，請以適當角度安裝旋翼，以利機身維持水平巡航。

細節

現在可以進行裝飾了，模型歷經風吹日曬看起來會更逼真，簡單的刷色可以增加厚度，彰顯各平面的線條等更多細節。用刀片在機身增添刻痕，塑造自己想要的觸感，再繼續刷色，小瑕疵會讓飛機更有個性，還可以遮掩某些製作上的失誤，若情況許可，請把零件放平再上色（圖**C**）。

材料

有時你的創意會影響飛行品質，請反覆試驗讓飛行更加順暢，頻繁墜機會損壞飛行器上較輕巧脆弱的構件，針對這一點，原本我使用的是質地較硬且無法彎曲的發泡材質，像是保麗龍和 Depron，現在，我改用相較有韌性的 EPP（發泡聚丙烯，俗稱拿普龍），EPP 有各種不同密度，厚度從 2mm 到 10mm 不等。較薄的發泡材質可用來複製大部分的紙模型，受到重複撞擊外觀也能保持良好，還有個附加好處──EPP 為耐溶劑材質，你可以塗上任何成分的東西，而且用氰基丙烯酸酯（強力膠）就能輕易黏合。

坐而言，不如起而行，趕快動手製作，飛行的黃金時代就在我們眼前！ ✈

DIY Drone Recovery Parachute
自製無人機彈道降落傘復原系統

文：安德魯・摩根・理查・查普曼博士及薩德・畢亞茲博士　譯：Skylar C

讓感測器偵測你的
飛行器狀態，並讓它安全落地

我們都曾經看過四軸飛行器在空中飛行時雄偉的樣子，墜落時則像顆石頭似的直直落下。和固定翼飛機不同，當電池耗盡時，或甚至機體傾斜翻覆，四軸飛行器就會失去升力。

我們設計並打造了小型無人機的彈道復原系統。這種復原系統是以Arduino微控制器為基礎，使用感測器確定GPS座標，並且維持電池電壓與加速度。如果系統判定無人機的電池已經耗盡，或是在規定的界線之外飛行，又或是正處於自由落體狀態，復原系統就會切斷電動機的電源，並打開降落傘，讓飛行器以安全的速度落地。以上是復原系統的功能及零件，完整製作介紹請見網站makezine.com/go/drone-recovery-parachute。

時間：
6～7小時
成本：
55美元

安德魯・摩根
Andrew Morgan
是耶魯大學博士候選人，專長為機器人領域並對自治系統有興趣。這項專題完成於2016年夏天，當時安德魯參加奧本大學的大學部體驗研究計劃，該計劃由國家科學基金會贊助。由薩德・畢亞茲博士擔任計劃主持人，理查・查普曼博士擔任計劃共同主持人。

A 復原系統由無人機飛行計算機獨立控制，使用以額外的7.4V鋰聚合物電池（LiPo）供電的Arduino Nano**微控制器**，確保復原系統在主電池耗盡的情況下還能正常運作。透過數位和類比I/O腳位，微控制器能和每個硬體連接。

B 透過**加速度計**模組產生的電壓值來讀取x、y和z軸上的加速度量。

C GPS模組仰賴專用的復原系統電池供電，並藉由RS232串聯將NMEA數據傳輸至Arduino。

D 5V繼電器模組藉由內部開關來切斷無人機馬達的電源。

E 電壓感測器做為4：1分壓器，在Arduino的類比轉換成數位電路限制內提供電壓範圍。

F 為了減少電池和Arduino運作耗電量，負責部署降落傘的**伺服馬達**設定為最先關閉，再和系統分離。

G 降落傘不過就是幾條線綁住的一塊布（尼龍材質很棒）。照著外觀設計就能自己做一個。該降落傘可由PVC管、大彈簧、底板、3D列印降落傘門、伺服馬達座與便宜的伺服馬達製作。伺服馬達會緊閉降落傘門，一旦部署，降落傘布會由內部彈簧向外發射。註：我們是使用舊款Mars Mini降落傘，買市面上的降落傘會增加製作成本。

Cyborg AND THE SINO:BIT

文：娜歐米·吳 譯：Madison

機械妖姬與SINO:BIT

聽深圳多產的
Maker娜歐米·吳
聊她的創作歷程、靈感，
以及如何打造中國
第一個認證開源
硬體專題

　　我是**娜歐米·吳**（**Naomi Wu**）（推特帳號@realsexycyborg），23歲，是來自中國的極客和硬體狂熱者。我住在深圳，這裡被譽為「硬體的矽谷」。你的手機或電腦很可能就是在這裡生產的，搞不好還出自我哪位閨蜜之手。這是個數位龐克之城，最尖端的科技都在這裡，而且以驚人的速度成長。這就是我腳下這塊土地。

　　深圳位在廣東省，我是廣東人。這座城市緊鄰香港，歷史不到40年，是中國最年輕的城市之一。我們的文化也是如此；有人說這裡有點像紐約，四面八方的人們來到這裡，為的是改變他們的生活並且賺大錢。我們步調很快、企圖心很強，比其他中國城市開放。這裡的「在地」美食來自全中國各地，因為當地人來自全中國各地，西方人也愈來愈多了。

　　深圳過去以山寨城聞名。山寨的意思就是抄襲別人的產品。我們當然知道直接拿別人的想法來做出產品的商業模式不會長久。如果我們永遠在做這件事，我們就只是工廠工人而已。於是大量的想法和資源開始投入，建構這裡的創意和創新環境。我就是受惠於這個環境的最佳案例。這裡數百萬人有個共同的目標和價值，就是用我們的想法，做出屬於我們的產品。當創造者，不是工人。所以當我公開展示我的作品，像是穿戴式3D印表機或是無限鏡做的裙子，大家都好興奮，因為就算這些作品很蠢，也是蠢得有創意，這就是我們一直以來缺乏的東西。看到有錢的老闆從名車上走下來，不是什麼讓人開心的事。但是和把3D印表機背在背上搭地鐵的地方怪女孩自拍，所有人都會很高興，因為這就是我們想要的，有創意和活力的城市。對於我們的許多傳統來說，這不是件容易的事。

一堂衝擊性的動手做課程

　　我在中國受地方教育，西

Photos Courtesy of Naomi Wu

SHENZHEN STANDOUTS | Naomi Wu

光之裙。

Pi 粉餅盒。

窮女孩的單眼顯示器。

無限鏡裙。

LED 高跟鞋。

當我公開展示我的作品，大家都好興奮，因為就算這些作品很蠢，也是蠢得有創意，這就是我們一直以來缺乏的東西。

方稱之為公立學校。我來自典型的工人家庭。就我所有的資源而言，我算是獲得相當良好的教育——就算不像西方教育那麼廣泛，至少相當注重數學和科學，讓我現在能在科技圈發展，這點我很感謝。我有點像西方的極客，從小就持續閱讀、看英語節目看到半夜。因此還能在地方的英文比賽獲獎。這點在我上大學主修英文、要賺點零用錢時成了優勢，而且讓我能在網路上自學寫程式，成為接案網頁開發者。從事網頁開發讓我接觸到新創公司文化和深圳當地的硬體新創生態。深圳有許多西方人在做硬體開發。透過他們，我接觸到 Maker Movement、硬體駭客和資訊安全——因此我一頭栽進這些領域鑽研，最終成為一位 Maker。

我的第一個硬體專題是為了參加 2015 年 Maker Faire 會後的派對做的。這是一條用 LED 從裙底下發光的裙子，也就是日本設計師 Amano Kiyoyuki 設計的「Hikaru skirt」（光之裙）。我有管道可以使用 3D 印表機，也看完 Tinkercad 教學，利用這些資源製作送給朋友的禮物。為了裝買來的控制板和電池，我列印了一個簡單的外盒，改了好幾次設計才完全適用。從開發軟體和使用開源工具的過程中，我學到標示

滲透測試鞋。

在深圳高樓上工作。

曼谷迷你 Maker Faire。

Photos Courtesy of Naomi Wu

原作者姓名的重要性，非常注意不要讓這條裙子侵權。設計師和日本自造者社群對此相當欣賞，因為難得有中國人重視姓名標示，他們也轉貼了我裙子的照片。這對剛踏入自造圈的我來說是重要的一課——妥善地標示姓名比盜用他人創意更能獲得尊重。最後這條裙子被轉到了西方網站上。對於一個來自人口1,200萬大城市的普通女孩來說，照片被貼在西方網站上可是件大事！在這樣的大城市裡，很容易覺得自己是隱形的，迷失在人群裡。不諱言，當時的確是虛榮心助我度過那些操著烙鐵的深夜。但我成熟了，雖然我仍然享受展示作品的過程，對製造本身的熱情已經超越了那些小動機。接下來的兩年，全職工作的同時，我儘量保持著穩定的創作步調，大約每兩個月產出一個新專題。我做出一雙內建滲透測試工具的3D列印高跟鞋、掛在手臂上的迷你無人機、無限鏡編成的裙子、走誇張路線的LCD葉片上衣（為了保持端莊，我裡面有穿內衣）、內建進階網路滲透測試工具的Raspberry Pi粉餅盒，和一個可以讓小無人機丟下Wi-Fi攻擊有效負載然後飛走的裝置。

當然，長大後我個性變得很浮誇——我知道我的作品受到矚目，跟這點有很大的關係。動手做追求的本來就不純粹是技術，總是有一點點表演藝術的成分在其中。展演也是作品的一部分，作品的技術內涵和展演，就像炒下去的蛋一樣分不開。要不是有這樣的性格，我可能根本不會接觸動手做和時尚科技，這些領域最適合有創意的人展現自我。

亞洲傳統中，從事創意工作的漂亮女孩，最為西方人所知的大概就是日本藝伎。日本藝伎源自中國，在中國有幾千年的歷史，美女跟創意不但沒有衝突，還是我們的理想。來自世界其他角落的人們有不同的品味和藝術傳統，可能會覺得有點驚奇。我儘量去適應，但我畢竟是中國人，我最主要的考量就是我自己和中國傳統的接受度。目前來說，大媽們看到我的反應都是大笑、微笑和要求合照，沒什麼好擔心的。

> 動手做追求的本來就不純粹是技術，總是有一點點表演藝術的成分在其中。

利用深圳在地優勢的 SINO:BIT

除了我自造的專題外，最近我還參與了教育用開發板「sino:bit」的開發。sino:bit源自我觀察到的一個現象，我發現深圳做硬體的西方人大多是男性，但是我在教育界的西方Maker網友們大多是女性。這些女性完全知道她們的教室裡需要什麼——Pi Hats、Arduino擴充板和專業RGB LED顯示器，都是很具體、很務實的需求。但是她們完全沒有製造經驗，很猶豫是否要買張機票飛到一個非英語系國家，獨力把作品生出來，對於群眾募資成功後是否能把產品做出來感到不確定。中國也沒有太多有獨力生產簡單硬體經驗的女性可以跟她們聊聊。

同時我也發現了BBC micro:bit。micro:bit是個優秀的教育用工程產品，跟其他開源專題一樣，有著容易依個人需求改造的特性。根據我對中國教育界自造者的觀察，編程最基本的第一步Hello World往往被輕易帶過，甚至完全忽略。如果你不懂英文，對「Hello World!」不會有感覺。英國學童也不會對花一個小時學習如何讓螢幕顯示出「你好，全世界！」有興趣，還拿給一頭霧水的父母看，對吧。所以中國孩子們對做機器人比較有興趣。在這裡，micro:bit幾乎都是搭配能驅動馬達的插

sino:bit。

可攜式 3D 印表機。

小娜歐米。

件板用。教室裡大部分的寶貴時間都花在micro:bit和插件板間介面的除錯。

我試用了德國版的micro:bit「Calliope Mini」。我們在中國遇到的在地化和驅動馬達等問題，Calliope Mini似乎都有解。在Calliope Mini團隊的許可之下，我提出中國版Calliope Mini衍生品的構想，規格跟Calliope Mini大致相同，與Calliope Mini和micro:bit向下相容，但有個很重要的差異——sino:bit的LED尺寸從5×5增加到12×12，好顯示各種非拉丁語系語言，不只中文，日文、阿拉伯文、泰文、印度語都可以。孩子們可以用自己的母語體驗Hello World!的感動。不只如此，父母也可以讀懂「媽媽我愛你」等等節日祝福語，或是信仰相關詞語等孩子們編

寫的內容。文字是中國文化與教育中再重要不過的角色，可以說無法切割。sino:bit繼承了micro:bit和Calliope Mini的出色工程特性，但是更適合中國文化和教育傳統，不需要適應另一種文化的語言和傳統。

如果你不懂英文，對「Hello World!」不會有感覺。

有了這個構想，加上懷著我那些女性網友們在製造上碰到的難題，我聯絡了深圳當地的電子製造公司易科諾（Elecrow），由易科諾負責將產品做出來。雖然我們都是中國人，我們決定整個製造流程和所有文件都用英文。我甚至在前往易科諾工廠的途中用英文跟計程車司機溝通，用紙卡寫中文地址給司機看。

為什麼要這麼做呢？為了回答一個問題：我的西方網友們得用全英文描述她的想法，這樣是否能讓產品被成功製造出來？用email可以解決嗎？還是要親自到深圳監工？我想像一個Maker教育界的西方女性，會寫程式，會教Arduino，也懂一點基本電路，但沒有PCB接線和電子工程經驗。其中有什麼待發掘的困難？真的可以只出一個關於如何使用的想法，把工程完全外包給別人嗎？我相信易科諾一定也覺得很不容易。當我拒絕以中文回覆訊息，堅持用英文釐清他們覺得很模糊的地方，不斷叫他們用他們覺得最好的方式去做時，大部

分時候我堅持著那些中國人會覺得很困擾的西式作風。我常開玩笑說我是在做中國硬體開發的紅隊測試。這是資訊安全術語，意思是以攻擊者的觀點找出可能入侵的手法。

這是我的第一個硬體開發專題，也是個大家可以參考的學習經驗。最後我們成功生出中國第一個開源硬體協會認證的產品。有些公司留意到，在短短時間內，它的宣傳效益比付錢的管道還來得好。這些公司開始與我聯絡，討論如何結合他們的開源專題，提升他們在硬體製造界的知名度，表現他們對開源的重視。這一切加上sino:bit在中國教育界的詢問度，都讓我開心不已。

中國的開源挑戰

最近，為了讓我的YouTube頻道在沒有作品發表的時候也

sino:bit 生產線。

娜歐米在易科諾參與開發 sino:bit。

貝琪‧巴頓。

能有內容，我開始拍攝深圳製造產品的評測影片。我非常小心地避免為劣質品背書，這讓深圳地方公司開始向我伸出援手，要求我幫忙讓西方客戶更了解他們。這為中國和西方硬體社群之間的宣傳與合作創造了一些有趣的機會。

最近我對開源的興趣開始以特殊的方式和影片創作結合。深圳有一家頗為知名的3D列印公司──Creality 3D。他們邀請我拍攝介紹他們工廠的影片。地點有些遠，離我家大約一個小時，所以我拖著不是很想去。大約同一時間，Marlin韌體開發團隊──就是許多3D印表機都在用的韌體──抱怨Creality 3D一直沒有依照授權條款發表他們更新過的韌體。所以我半開玩笑地跟Creality 3D說，如果你們發表更新韌體我就去。他們馬上

答應了。這很令人驚訝，因為中國開源合規性表現通常相當糟糕。所以我乖乖去了，盡力拍好我的影片。也因為那是間深圳典型的工廠，我認為應該讓人們看到深圳大部分的工廠是及格的，差勁的工廠很少，而且正在消失。當然，更是因為我想要支持和推廣這間至少願意跨出難得的第一步、遵守開源社群標準的中國公司。

我帶著鏡頭參觀廠內，和工人跟老闆對話，離開時他們非常親切地說要送我一臺他們的3D印表機──一臺超大的CR-10s。我的小公寓工作室已經沒什麼空間了。我已經有一臺大型3D印表機，再送我一臺只是浪費。當我要拒絕的時候，突然有了個點子。我說，「老闆，每個人都看到你的印表機評測，但是你缺少社群參與。為什麼不像Prusa

和LulzBot一樣，不要只是展示產品，也展示一下公司背後的價值呢？我認識美國一位十來歲的自造者叫貝琪‧巴頓（Becky Button）。她很聰明，有很多很棒的作品，但是沒有自己的3D印表機，周遭也沒有可利用的資源。」我馬上拿出手機，給老闆看貝琪一件徵詢過我意見的作品，是一雙可以切斷周遭Wi-Fi訊號的涼鞋。結果你知道的，我們畢竟都是中國人，當一個聰明的孩子需要教育資源，能給予幫助是非常有面子的一件事，這件事就這麼成了。他們喜歡貝琪的想法，貝琪獲得了一臺印表機。文化上，這對我們來說是相當大的一步，我希望能複製這個成功模式到其他公司。對許多製造商來說，工具和製造大多和男性聯想在一起，女性Maker、教育者和YouTuber

在取得贊助和進行產品評測時會相對弱勢。我真的希望我能解決這個問題。

我努力要促進這類的交流，和中國公司談談，告訴他們「這就是為什麼人們討厭你！」或是和Maker跟硬體社群談談，告訴他們「這就是這間公司如此這般的原因」。能扮演溝通橋樑的角色，我很興奮也很有成就感，就算是以最微不足道的方式也好。太多的溝通不良，讓人看不到中國和西方之間在創意靈魂和價值上，其實存在更多的共通點。我會一直創作，但是在硬體和Maker社群間這種有點像外交和傳道結合的任務讓我感到無比充實，我希望能夠做得更多。✎

Photos Courtesy of Naomi Wu

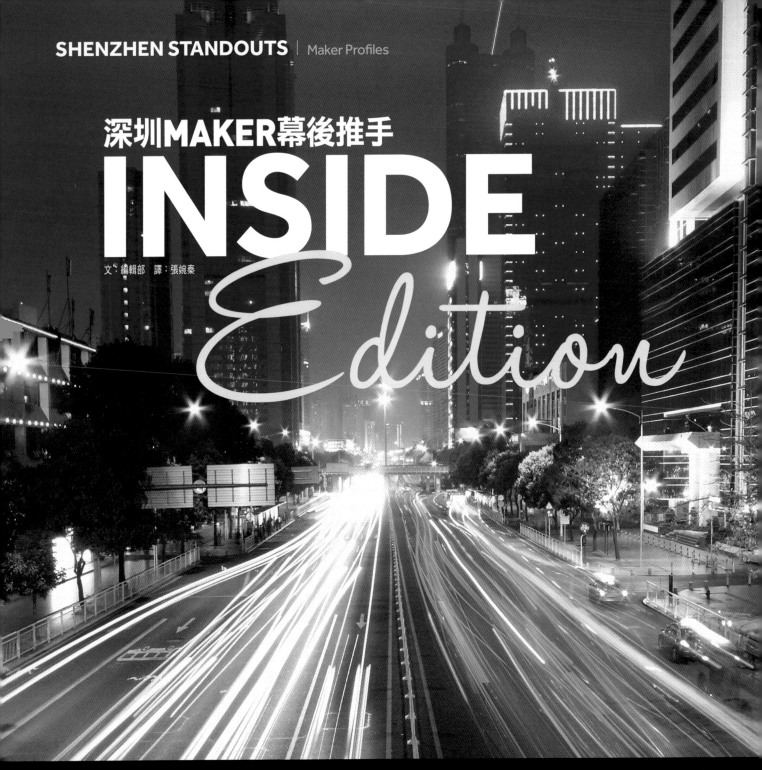

深圳MAKER幕後推手
INSIDE
Edition

文：編輯部　譯：張婉秦

深圳在地人士善用當地資源，在全球Maker中一馬當先

身為消費性電子產業的中心，深圳及其周邊區域是以商業需求為優先的城市，錯落著工廠與零組件供應商，快速生產全球急切需求的設備。在短短幾年間，它已經成長為中國最主要的大城市之一，你使用的所有裝置可能都是深圳人組裝的；同樣的一批人也開始展現他們的Maker精神，其中有備受矚目的Maker、Hackerspace、Maker教育計劃，甚至辦理了Fab Academy學校，傑出的表現讓這座城市登上國際舞臺。

我們邀請了協助營造Maker環境的在地人士，請他們分享自己的故事。

（中文編輯部註：本文中人名採用英文名稱音譯。）

Jess Yu / Adobe Stock

薇琪謝

我是深圳開放創新實驗室國際合作單位（International Collaboration of the Shenzhen Open Innovation Lab）的總監，過去三年我走上一條超乎預料的Maker路，

大學畢業後的第一份工作是協助設立深圳FabLab，同時見證動手做如何轉變這個我從小到大生活的城市在世人眼中的印象。

我主修英文，畢業後在深圳工業設計協會國際部（Shenzhen Industrial Design Association，SIDA）獲得一份工作，被分派負責即將到來的第一屆深圳Maker Week，以及2015年6月的10家FabLab的聚會。那時我對Maker跟FabLab一點概念都沒有，但是必須在短時間之內了解所有東西。在深圳Maker週活動上，我們團隊規劃各個FabLab的展出，包括波士頓、巴塞隆納、臺灣以及日本，同時主持演講，邀請業界先進，像是尼爾・格希費爾德（Neil Gershenfeld）、湯姆・伊戈（Tom Igoe）、琳・傑弗瑞（Lyn Jeffery），以及托馬斯・迪亞茲（Tomas Diaz）。幾個月之後，我成為在波士頓FAB11國際年會的代表，將負責主辦2016年於深圳舉辦的FAB12年會。那時我覺得要學習更多動手做相關的事物，並接下甫成立的深圳開放創新實

Courtesy of Vicky Xie

驗室國際合作單位（SZOIL）總監一職，協助深圳與其他Maker社團間的合作。

我也決定報名2015年12月創立的學校Fab Academy。藉由數個小時親手操作數位製造工具，我學習到如何利用發想、製作原型及紀錄過程，呈現自己的想法，也開始學習2D跟3D設計、電子設計與製造、製作電路板、使用多樣的感測器與輸出裝置、為AVR微控制器編寫程式、以及其他有趣的經驗，像是製模與鑄造。當時約10個人註冊第一屆的Fab Academy，我是五名畢業生的其中一位。

FAB12年會一結束，我立刻加入「雙創週」中占地800平方公尺的Maker工作坊策展團隊。雙創週（National Mass Innovation and Entrepreneurship Week）是國務院總理李克強為推廣創新政策辦理的國家重大活動。我們在活動現場完整規劃了全套的FabLab，在這五天為數以千計的學生和訪客舉辦許多工作坊活動。

2016年，我們在SZOIL開啟了「哈囉深圳」（Hello Shenzhen）活動，與深圳國際交流與宣傳組織（Shenzhen Foundation for International Exchange and Communication）及英國大使館文化教育處（British

Council）合作，讓英國與深圳的Maker有更深入的交流。我們挑選10位深圳在地Maker到英國住宿三周，參與當地頂尖Makerspace與創意組織的活動，包括Access Space、中央研究實驗室（Central Research Laboratory）、FACT、Impact Hub Westminster、Lighthouse、Machines Room，以及Makerversity。

同時，SZOIL也加強與新興市場的FabLab及Makerspace的互動交流。2016年跟2017年的國際Maker大會（International Maker Cooperation），我規劃了一帶一路Maker高峰會，除了深圳的合作夥伴，也邀請了持續合作的奈及利亞、衣索比亞、祕魯及巴基斯坦的夥伴。

我們希望打造一個平臺，能夠藉此更加了解這個城市與一帶一路所包含的國家與區域間的合作生態系統，同時為創業、Makerspace及創業加速器尋找更多的潛在機會。最近的專題是與Impact Hub Accra合作，協助他們製作低成本的生物分解機，能將廢料轉變成肥料與瓦斯。

我非常感謝在過去三年有這個機會進入Maker領域，並協助深圳，這個我生長的城市，與所有出色Maker之間的合作。

Courtesy of SIDA, Vicky Xie

雪莉傳

我是深圳工業設計協會的祕書長,於1990年代來到深圳,從電腦工程師開始做起。我想這讓我成為深圳早期的Maker之一,因為我已經習慣了工作去華強北數位商城組裝電腦或其他設備。

過去20年來,深圳經歷了很大的轉變與創新。我很榮幸有機會見證這個令人驚豔的轉變,並參與其中一部分。

因為了解到深圳無法單純靠製造業持續成長,我在2008年接下深圳工業設計協會(SIDA)祕書長職位。那個時候,深圳政府與企業僅著眼於GDP跟利潤的成長,工業設計被視為無足輕重,一點也不重要。

這些年來,我與SIDA的團隊努力向政府單位及企業宣傳工業設計的重要。在過去6年,SIDA成員從49名成長到超過700名,這讓SIDA成為全球最大的工業設計協會之一。在過去的10年裡,SIDA的成員

與深圳超過10萬的工業設計師藉著將價值鏈從OEM轉變為ODM,協助深圳工廠持續成長。

如今,深圳的相關政策在全世界名列前茅,鼓勵工業設計的創造與創新,而「深圳工業設計展會2014」也成為全球最大的工業設計盛會。

這是個不斷轉變的年輕城市,而這個改變似乎沒有終止。因為SIDA,我們為這個城市帶來更好的設計,而一個像深圳這樣積極創新的年輕城市,總是準備好學習更多、成長更多。2012年,Maker活動開始受到注意,深圳也主辦中國第一屆Maker Faire。藉著口耳相傳以及許多部落格文章,深圳迅速成為Maker最喜愛的城市,尤其是有著龐大電子電器廠商的華強北。

2014年,我很榮幸能參加巴塞隆納的FAB10,並對活動所展現出的熱情、創意與創新印象深刻。在那個時候,我

知道這就是深圳所需要的:熱情、創意與創新!我開始與SIDA的團隊討論要如何在這邊宣傳Maker以及FabLab。跟政府單位合作後,我們於2015年6月18日邀請全球10家FabLab參加深圳Maker Week,2015年8月,我領隊參加FAB11,並遊說深圳主辦2016年的FAB12。2016年8月,我很開心能夠歡迎來自78個國家,超過100家FabLab的上千位訪客聚集在我們的城市。

去年10月所舉辦的雙創週上,我很榮幸帶中國國務院總理李克強參觀我們的Maker工作坊,呈現深圳帶領整個國家在Maker活動的成長。

Maker活動一直都是深圳骨子裡的一部分,身為早期移居來此者,我從這樣的城市生態中獲得許多好處,我的職業從單純因工作需要、在華北強組裝電腦的程式設計師,成為SIDA的祕書長,協助並

提高深圳工業設計師的知名度,協助深圳工廠的價值鏈向上成長,而現在,我打造全球Maker與深圳生態環境間的橋樑,幫助更多人實現他們的想法與夢想。我很感激能與深圳一起成長,這是一個屬於Maker的城市。

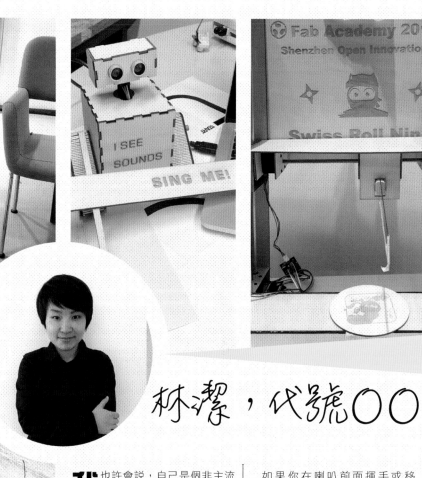

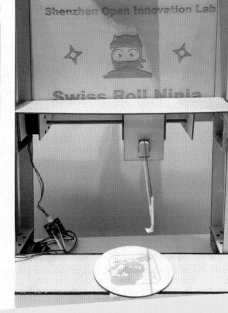

林潔，代號〇〇

我也許會説，自己是個非主流的流浪設計師，是總是積極製作具體產品的那類Maker。身為一個互動設計師，我對於打造能夠互動的「智慧」裝置很有興趣。2012年我買了第一個Arduino開發板，試著學習一些關於製作數位作品的基本知識。但是直到我在2016年註冊Fab Academy之後，我才真正決定未來要踏上Maker之路。完成所有課程跟專題之後，我終於有自信將自己定位為初級Maker。

我做過最喜歡的專題是一個蝴蝶造型的譜架，這是我在Fab Academy期間的作品。這份作業是要使用CNC機器製作大型模型，因為我一直考慮買個譜架在練吉他的時候使用，因此我先設計造型，並製作一個樣板，然後使用CNC機器裁切出所有的板子然後組裝。

其他最愛：

●最後一個作業──迷你喇叭：如果你在喇叭前面揮手或移動，它會換算你的手跟感測器之間的距離，然後轉變成音符。你可以用手演奏一首歌，但是不用碰觸任何東西。這就像一個古怪又現代的特雷門。

●瑞士捲忍者：這是我們深圳開放創新實驗室（Shenzhen Open Innovation Lab）學習團隊製作的自動裁切機。

●多層次小小兵：用雷射切割出的多個層板堆疊製作電影動畫中的小小兵。

●光感測器：我用一些光感測器製作出一個PCB，來判斷房間有沒有燈光。

對其他Maker的建議：不要像我以前一樣猶豫。做得愈多，樂趣就會更多。身為Maker永遠不會無聊，對吧？！

你可以在網站uegeek.com追蹤我的最新動態。

Lin Jie

凱莉樂

我是舊金山人，已經在深圳住了6年。平日我是深圳美國國際學校（Shenzhen American International School）Maker教育的總監。我們是100％專案學習型的學校，課程均融入Maker精神。這代表我們學校的Makerspace不只是提供給每個禮拜1小時的STEAM課程使用，也不單是選修課或課後社團的延伸使用，我們的Makerspace是每個學生於常規課程使用的學習道具。書本、教師、或是網路都有提到這個概念。

我們學校是由孩子們從事的課程專案以及社區議題所推動，學生已經內化擁有Maker思維，這也成為他們日常教育的一部分。

不在學校的時候，藉由製作、分享與合作，我把時間投注在銜接、授權以及增加深圳社群間的成長。我有一個非營利組織的Maker空間「SteamHead」，這是許多活動發源的根據地。我努力創造一個自由、雙語、容易接觸到的開源平臺。對我來說，有四個很重要的動力：

● 提供年輕Maker可以展現自己的平臺。

● 銜接深圳市民、民營企業與國際教育單位

● 提供教室讓Maker發揮技巧以及專題性質的學習模式

● 經由分享經驗與知識建立自信，賦予女孩及女性朋友力量。

我們最近剛開始「女孩可以（Girls Can）」的活動，打造並支持女性或女孩經營的工作坊與活動，記錄與分享女性及女孩們已有的成就。

動手做一直是我生命的一部分，我總是有著好奇心與想像力的火苗，燃燒到最後成為實體的作品。我記得四歲的時候，拆解了爸爸的唱片播放器，那個時候每個人都氣得要死，可是已經太遲了，拆解下來的零件散落一地！雖然我很失望，沒能解開這個轉盤如何產生旋律的祕密，但是我確實製造了不得了的爆氣老爸。

最近我很喜歡一個專題，一開始的想法很白癡，可是20分鐘後就做出超棒的穿戴裝置。那時MakeFashion的薛儂·胡佛（Shannon Hoover）正好來拜訪，向我展示如何使用他的StitchKit（刺繡板）。我想要變成一隻恐龍，所以拿著板子、熱熔膠、筷子、布料，幾分鐘之後……變！我變成一隻閃閃發亮的恐龍。現在的科技能讓我們瞬間將虛構變為現實，總是讓我讚歎不已。

如今，當我在幫自己跟朋友做東西的時候，都是為了樂趣與歡笑。當為社區製作時，我抱著積極與開放的態度。往後我也會充滿動力持續動手做。

SZOIL and SIDA

廖特里

我正在經營南荔工坊（Litchee Lab），這是一所 Maker 教育團體兼 Makerspace。六年前，我進入 Seeed Studio，這是深圳一家開源硬體公司，並將 Maker Faire 引進中國。那時我負責教育線，因此參與了很多柴火創客空間設計和辦理的工作坊。這是深圳第一個 Makerspace。我也花了很多時間用網路跟世界各國的 Makerspace 溝通，了解他們使用 Seeed 產品的經驗。Maker 文化有些特質確實打動了我，像是開源的想法，以及鼓勵每個人踏出自己的舒適圈、嘗試新事物。藉著線上指導與資源，我對於自己的動手做技巧逐漸產生自信。

然後 3 年前，我辭去產品設計的工作，並成立南荔工坊，發掘 Makerspace 永續經營模式，以及找尋 Maker 教育如何在中國社群成長的答案。南荔工坊是深入深圳當地的 FabLab，單純靠會員費與教育服務經營，沒有大型企業或政府的資助。我們為青少年與成人 Maker 提供盡可能免費的平臺，讓他們發掘自己的創意。

南荔工坊的經營團隊全力奉獻給教育，我們是深圳第一個將 Maker 教育課程發展納入經營目標的團隊。截至目前為止，我們與深圳 20 家學校合作，打造他們自己的 Maker 教育課程。團隊的目標是藉由我們設計的平臺，結合國際資源與在地的洞見，幫助當地的孩子發展自己的創造力。

這 3 年，南荔工坊接受來自全球 8 個國家的會員，雖然我們還是個新創的 Makerspace，但憑藉其開放性與自由度（24 小時對外開放、超級便利的地理位置、良好的社群氛圍），成為深圳在國外 Maker 社群中最受推薦的 Makerspace。南荔工坊從 2015 年開始參與由英國大使館組織的中國與英國 Maker 交換計劃，而我們最近在深圳市科技創新委員會系統註冊，成為官方 Makerspace 平臺，如此一來，成員可以經由我們申請深圳政府的贊助。

Lit Liao, Byron Wang, Jin Dongjun

邁向職業級MAKER之路

SHENZHEN

Goes Pro

文：維萊特・蘇　譯：劉允中

去年11月的Maker Faire Shenzhen（又名：深圳制匯節），除了攤位、工作坊、演講與展演之外，還有一些值得慶祝與分享的新元素。

4大革新

1.主題

與往年不同，我們今年將展會主題設定為Maker Pro（職業級Maker）。深圳以世界硬體製造中心聞名，與其他地區的Maker Faire相較，有更多從事硬體製造的新創公司，因此我們決定來談談我們對職業級Maker的定義。我們認為

我們眼中的職業級Maker，擁有成立新創公司或成為專業人士的潛力。他們的形式、背景與生命經驗各不相同，有些人從業餘開始，有些早已從事該領域，有些則與社群合作，有的亦從初期就開始創業。但是他們都有一個共通點：致力於將想法付諸實踐，並且準備在未來將作品進一步帶進市場。

2. 場館

我們希望本次Maker Faire舉辦的地點，能與我們所謂的職業級Maker有深厚的連結，而我們找到了很棒的合作夥伴——深圳職業技術學院。他們

Maker Faire Shenzhen回來了！
這次深圳的展會場館與主題煥然一新

chungking / Adobe Stock, Rain Ye, CY.

是中國頂尖的科技教育單位之一，特別注重多元領域與技術的訓練，從機械工程、汽車、設計到視覺藝術都涵蓋其中。校內亦有一座Maker中心（將註冊為FabLab），鼓勵師生一同增進實地操作的經驗，以期從理論邁入實作，最終能進入產業。在高等教育單位中舉辦Maker Faire，也是Maker文化與教育的深厚連結以及Maker文化在深圳邁向專業的象徵。

3. Maker Pro展區

職業級Makerspace「柴火 x.factory」的負責人柴火，除了申請在展會中擺設攤位之外，亦策劃了Maker Pro展區，展出11位職業級Maker與他們的專題作品和心路歷程，提供其他人讓專題更進一步的靈感。職業級Maker們透過這個管道，分享自己如何從Maker進化為職業級Maker的故事，希望能藉此激勵更多人踏上屬於自己的旅程。

4. Maker教育展區

在這次的Maker論壇中，我們與當地教育工作者凱利・梁（Carrie Leung）與約瑟夫・斯特岑普卡（Joseph Strzempka）、詹姆斯・辛普森（James Simpson）共同策劃，舉辦了展會史上第一個Maker教育展區。我們邀請來自各類不同教育社群如學校、Makerspace、家長團體、政府或其他單位的講者，討論革新的學習方式要如何在他們各自的社群中獲得關注，而這些社群又是如何齊心協力分享、合作並扼要地表達Maker精神。

除了這些令人興奮的創新，我們也要來看看這次展會的特色專題。

參展 Maker

這次我們召集到來自全球156組Maker團隊來展示自己的專題。在這些Maker之中，65％來自中國，其他則是國際參展者。這些專題可分為7大類別，以軟硬體為主的專題最多，占41％；教育導向專題為25％，而互動式藝術專題則成長到15％。

來看看這些專題：

● 鐵製 Makey 機器人
以回收啤酒罐與金屬零件為材料，製作者為鑲嵌藝術家 Ziyao Chang、Cynthia Shi 以及當地志工。

● 捕夢網
製作者為來自臺灣的 Ty Chen。

● 小精靈
製作者為 Ty Chen。

● 水光塗鴉
創作者為法國藝術家恩托尼・福爾奴（Antonin Fourneau）。

● 狼人爪與導彈車
由來自中國無錫的 Maker Tangtang Cai 主持。

● 八腳大寶座
製作者為來自中國江西的 Maker Ziping Chen。

柴火x.factory於Maker Pro的展覽攤位。

鐵製Makey機器人。

捕夢網。

水光塗鴉。

- **盛開**
  製作者為來自中國廣州的 Alt+團隊。
- **Simple Animals**
  製作者為來自南韓的Eunny，她在2017年參與了世界各地許多 Maker Faire。
- **雷射切割與層合藝術**
  製作者為來自中國天津的 Maker 兼建築師Ketian Chang。
- **升級再造教育與互動專題**
  製作者為Tomonic團隊，他們從泰國帶來了50多個專題，在柴火x.factory花了兩天建造了音樂噴泉，成為本次展會的吸睛亮點。

工作坊

這次有27個不同類型的工作坊（如果計算性質重複的，就超過50個），包含虛擬實境（VR）、印刷電路板（PCB）、DIY 3D印表機、專題做中學、木工、厚紙板專題、即興實境脫逃遊戲、音樂、雷射切割、縫紉與穿戴式科技、升級再製（upcycling）與汽車製作和競速等等。這些工作坊的帶領者不只是成人，還有年輕孩童。Maker Faire中的工作坊提供遊客最直接、視覺、觸覺與實地的體驗。你會發現男女老少都沉浸在工作坊動手做的樂趣之中。這真是Maker Faire不容錯過的部分！

NERDY DERBY

Nerdy Dreby是這次Maker Faire中最受歡迎的專題之一。經該公司授權與仁濟醫院、次伯紀念中學、深圳東方英文書院國際學校、Podconn Limited、柴火x.factory的共同努力，我們在兩個月內一起製作出了這些軌道，並安裝所有測速用的電子感測器。

八腳大寶座。

Simple Animals。

工作坊。

無人機體驗賽。

升級再造專題。

Maker魔術師馬力歐。

無人機體驗賽

這是我們第二次與D1合作舉辦無人機表驗賽，而這次有點不同，將焦點放在體驗的部分。我們並未事先集結專業遙控者參賽，而是鼓勵現場每個人一同參加。賽事設有專區，請專業的遙控者指導，供參賽者學習如何控制無人機。在短暫訓練過後就會參加比賽，不但娛樂，還可以拿獎金。在三天展會之中，參加這次無人機體驗賽的有500人次以上。

Maker 魔術師馬力歐

我們也很開心能邀請到Maker魔術師馬力歐（Mario）參與這次展會。馬力歐與經紀人凱蒂·馬歇斯（Katie Marchese）除了申請設置自己的攤位，亦安排六場表演，三天內全天候的遊客都能欣賞。無論大人小孩都被魔術的奇幻魔力吸引，這也清楚地顯示，語言的隔閡不會阻擋Maker文化傳遞。

XTALK

這是我們第二次與XTALK合作，設置激勵人心的演講舞臺。我們邀請到24位講者來分享他們的Maker故事與專題，其中有6位還是年輕孩童，例如來自當地小學五年級的Wenjun He、來自加拿大亞伯達省卡加利市Make Fashion社群中最年輕的設計者蘿倫（Lauren）和艾希莉（Ashley）。

論壇演講

這次的論壇有四大部分，分別為未來展望、產業中的自造、平臺創辦人、Maker教育。我

Shenzhen Polytechnic, Eunny, Team Chaihuo, MG Space, D1, Paola Paulino, Sherry Huss

《MAKE》雜誌副總裁雪莉‧荷斯（Sherry Huss）。

女性Maker工作坊。

Maker Faire Shenzhen工作團隊與志工。

們邀請到26位講者到論壇分享他們的洞見、故事與經驗。這26位講者中，有11位是女性，其中8位來自中國。

超過2,000人次來到論壇聆聽演講，27％參與未來展望、26％參與、23％參與、24％則參與Maker教育部分。

MAKER 派對

11月10日，我們在柴火x.factory舉辦了一場Maker派對，讓Maker、參展者、講者與合作夥伴共襄盛舉。

女性 MAKER 工作坊 與討論區

我們也在展會最後一日舉辦了女性Maker的見面會。這次見面會有14位出色的女性，包括Maker、教育工作者、Maker社群負責人等，來分享她們的經驗、想法與建議，告訴我們如何建立更好的系統來鼓勵女性、女孩們參與動手做。

三天 HIGH TOUR

Maker Faire結束後，我們舉辦了三天的high tour，帶與會的Maker們探索這座Maker城市。超密集的行程如下：

● 第1天：Seeed敏捷製造中心、PCB工廠、製模工廠。
● 第2天：騰訊控股、XIVO設計、北京華大基因。

● 第3天：柴火x.factory、零空間、深圳灣、華強北數碼商城。

來自11個國家的32位Maker、研究者與記者參與了這個行程，來進一步認識這座以硬體與製造聞名的城市，並了解深圳能提供哪些資源，尤其是幫助Maker們適應未來的設計與製造產業的資源。這次的三日遊不但知性又有趣，更增進與會Maker之間的交流。

Maker Faire Shenzhen提供我們連結舊雨新知的機會。它是一個讓我們與當地和外地資源接觸的平臺。它是讓我們與大人小孩共同分享動手做之樂的慶典。在本篇的尾聲，我們要向所有合作夥伴、Maker、朋友、志工與贊助者的慷慨協助與支持，在此說聲謝謝！

我們很期待在2018的Maker Faire Shenzhen與全球各地的Maker盛事中看到你！⬢

在Maker Faire Shenzhen的網站makezine.com/go/mfsz-2017可以找到更多照片與影片。

彩虹燈箱

文：妮可・卡崔特　譯：曾筱涵

Rainbow Lightbox

用麥拉片和 Scotch 膠帶製成的色彩製造箱

妮可・卡崔特
Nicole Catrett
藝術家兼 Wonderful Idea Company 共同創辦人，一家創意設計工作室，推廣探索藝術、科學及科技，透過自造及修復來創造作品。

時間：
一天
成本：
100～125美元

材料

- » 松木板，16¼"×3"×¾" (4)
- » #8 平頭十字木螺絲，長 1½"(8)
- » 壓克力板，17"×17"× 1⅛"(2)
- » 油漆膠帶
- » CL216 LEE 燈光濾片， 21"×24" 裁為 17"×17" (2) 我在 filmtools.com 買的
- » Scotch 膠帶
- » #8 十字木螺絲，長 ¾"(27)
- » 麥拉絕緣片，厚 2mm，一捲 大小 4'×25' 應該夠用
- » 木桿，直徑 1" 及 1.5"，長度 10"(2)
- » PVC 管，直徑 2"，長度 10"
- » 鋁角，邊長 1½"，1½"
- » 科銳（Cree）三色 RGB 高 功率 LED 附跳線（紅色 XP-E2、綠色 XP-E2、藍色 XP-E2）#Custom 3-Up Cree ledsupply.com
- » 4-40 有頭內六角機械螺絲， ¼" 長 (2)
- » 木塊，4"×4"×
- » 木塊，4"×4"×¾"
- » BuckPuck DC LED 驅動器， 700mA，帶線型，不可調光 ledsupply.com
- » 接線端子臺
- » 母頭電源轉接器， 5.5×2.1mm 插孔
- » 飛宏（Phihong）12V 變壓 器 #12V-WM-1A
- » P 型配線固定鈕，¼"

工具

- » 組合角尺，6"
- » 鉛筆
- » #43 鑽頭，長 8/32"，直徑 ⅛"
- » 手鑽
- » 埋頭螺絲
- » 十字螺絲 起子 #2
- » 塑膠鑽頭，直徑 ⅛"
- » X-Acto 筆刀
- » 尺
- » 4-40 螺絲攻和絲攻扳手
- » 冷卻劑
- » 內六角扳手，8/32"
- » 烙鐵
- » 小型一字螺絲起子，⅛"

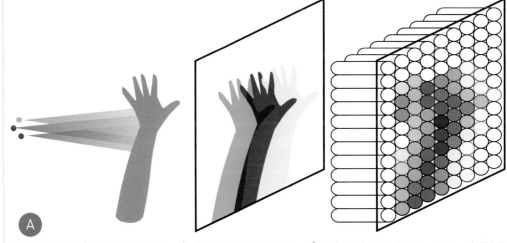

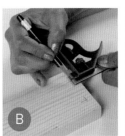 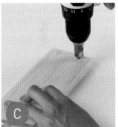

紅、藍、綠光源 ➡ 利用手擋住光源，製造彩色陰影 ➡ 彩色陰影（青色、洋紅色、黃色、藍色及紅色）會投射於燈箱背面 ➡ 麥拉管會再次混合彩色陰影，讓陰影投射在燈箱另一面，呈現出各種漸層色彩

在 彩虹燈箱內布滿麥拉管，便能將色彩豐富的光源化為美麗的像素化光影。我的靈感來自松村泰三的「光之箱」，那是個布滿麥拉管的小紙箱。我創造的是放大版燈箱，內有上百個麥拉管，並使用多種顏色的光源及光影，以取代松村泰三所使用的彩色濾光片，呈現出彩虹的各種顏色，打造獨樹一格的效果。

我用了各種不同的光源做實驗，從陽光到電視發出的光都試過。最後，我發現若把麥拉管像夾三明治一樣置於兩個擴散濾片之間，會出現令人驚豔的顏色效果。當麥拉管一端暴露在不同顏色的光源下，色彩會相互混合成新的顏色，再投射於擴散濾片上。雖然進入管子的顏色變化不大，但因管口邊緣輪廓銳利，光影被勾勒出如像素般的外型，看起來十分美麗。

另外我利用紅色、藍色及綠色的LED，以不同顏色的輸入光源來照亮燈箱。這三個顏色的光線結合後會產生白光，但若受到阻擋，就會產生色彩繽紛的光影並投射在燈箱背面。這些彩色的光影會經由麥拉管再次混合，產生不同色調投射在燈箱另一面（圖Ⓐ）。

這就是彩虹燈箱了：你只需要製造陰影，就能像調油漆般混合各種顏色的光線，遊玩於彩色光影中。

1. 製作燈框

在每塊木板其中一底端，距離各長邊 ¾ 英寸、短邊 ⅜ 英寸之處做兩個記號，以示螺孔位置（圖Ⓑ）。接著用 3/32 英寸鑽頭引孔，為每顆螺絲預鑽孔洞（圖Ⓒ）——這樣能避免兩木板在鎖合時裂開。先將木板有引孔的那端，對齊第二塊木板未鑽孔的那端，再用 3/32 英寸鑽頭，從第一個孔

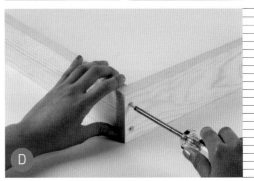

小心鑽入第二塊木板。接下來，用 1½ 英寸木螺絲鎖合兩片木板（圖Ⓓ）。第二個孔也請重複同樣的動作。請重複所有步驟，完成你的四方形燈框（圖Ⓔ）。

Nicole Catrett

Hep Svadja

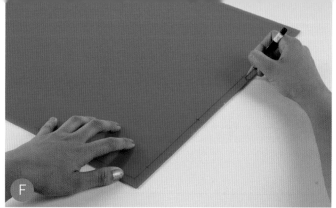

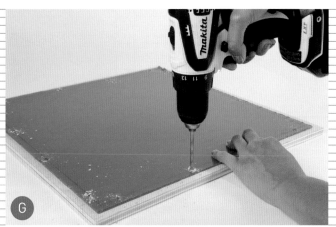

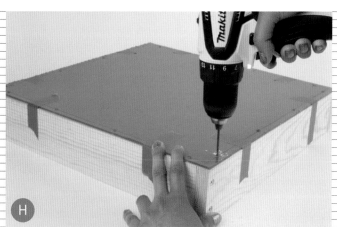

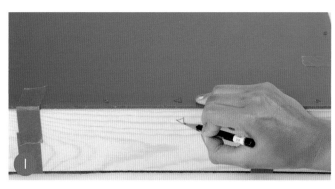

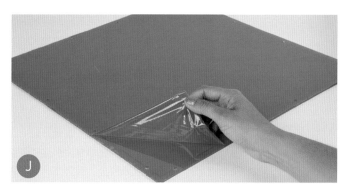

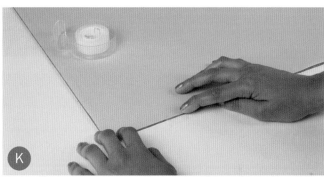

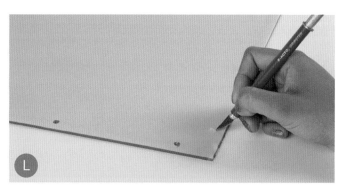

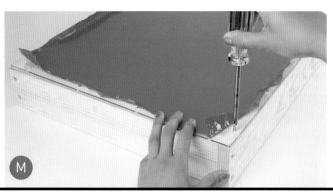

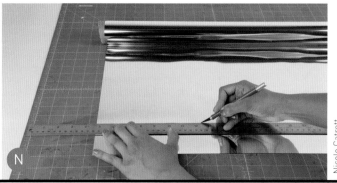

Nicole Catrett

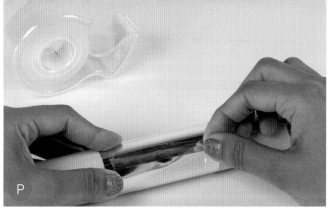

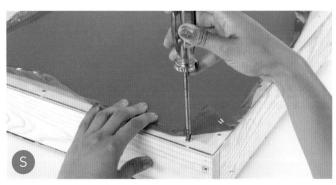

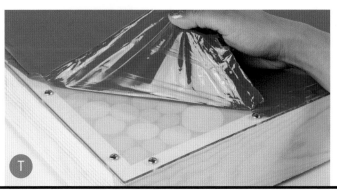

2. 加入壓克力板

在每塊壓克力板距離邊緣 $3/8$ 英寸處延邊做記號，四個邊都一樣。再從距離邊角 1 英寸處開始，將 16 個螺絲孔均勻分布在每塊板子邊緣（圖 **F**）。取適合鑽塑膠的 $1/8$ 英寸鑽頭。在預計鎖入螺絲處鑽孔，請將電鑽轉速調為高速，鑽孔時請勿施加太大的壓力，防止塑膠在鑽洞時破裂。在壓克力板下方墊塊東西有利於鑽孔作業──合板是不錯的選項（圖 **G**）。

取其中一塊壓克力板放在木框上，用油漆膠帶固定。再用 $3/32$ 英寸鑽頭將每個孔鑽到底（圖 **H**）。鑽完其中一面所有螺絲孔後，翻到木框另一面，重複所有步驟，完成第二塊壓克力板鑽孔。接著為壓克力板和木板標註對齊點（圖 **I** ─相信我，你一定會忘記要對齊哪裡！）現在將壓克力板取下，先放在一旁。

移除壓克力板其中一面保護層（圖 **J**），將壓克力板與擴散濾片對齊，再用 Scotch 膠帶將它們固定在一起（圖 **K**）。接下來用 X-Acto 筆刀在擴散濾片上小心切出螺絲孔（圖 **L**），將濾片和壓克力三明治背板放到木框上，濾光面朝下，撕下螺絲孔上的保護層，使用 $3/4$ 英寸木螺絲將壓克力板與木框鎖合（圖 **M**）。

3. 製作管子，愈多愈好！

請準備餅乾和啤酒，邀請朋友一起參與這個步驟，有人幫忙會更快完成！使用 X-Acto 筆刀和尺，將麥拉絕緣片切成寬 3 英寸的長條（圖 **N**），愈多愈好。有了成堆的 3 英寸長條後，再將各長條裁切為 $3\frac{1}{2}$ 英寸、$4\frac{1}{2}$ 英寸和 $6\frac{1}{2}$ 英寸等長度（圖 **O**──三種長度分別適用於不同直徑的木桿）。

接下來就是餅乾和啤酒時光囉！取一麥拉絕緣片，沿著木桿捲繞做成管子，再用 Scotch 膠帶順縱向黏合麥拉管（圖 **P**）。從木桿上取下麥拉管，放入木框內（圖 **Q**），接著繼續添加管子，直到管子塞滿木框（圖 **R**）。等你覺得夠多了，將第二片擴散濾片置於裝滿管子的木框上，再放上壓克力板（你一定很高興有事先做記號方便板子對齊！）。用 X-Acto 筆刀在濾片上切出螺絲孔，再將板子鎖合在一起（圖 **S**）。最後除去燈箱兩側的保護層（圖 **T**）。

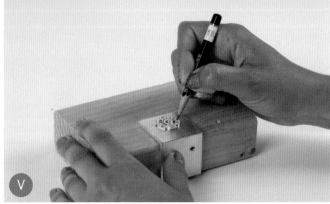

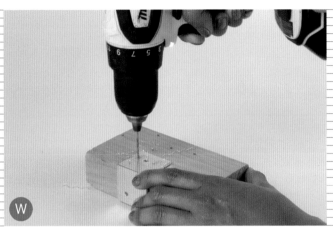

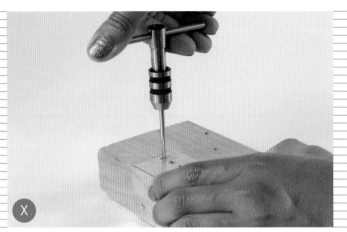

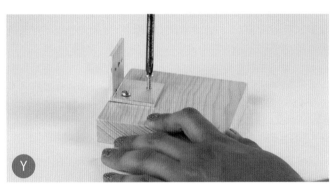

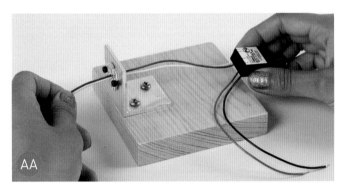

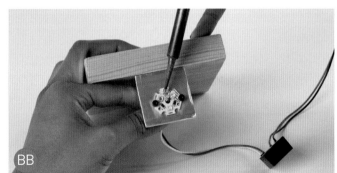

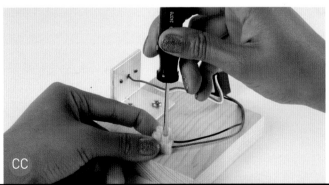

Nicole Catrett

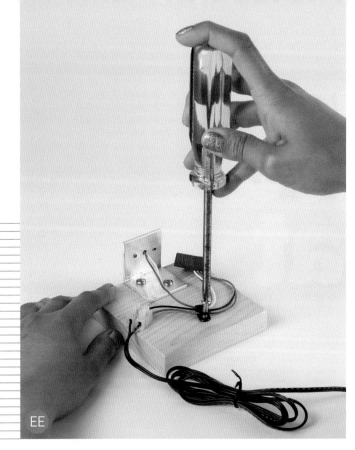

EE

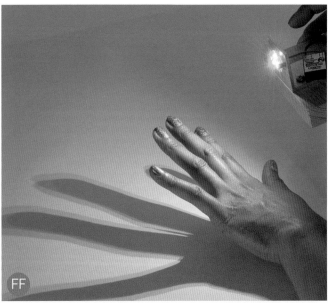

FF

GG

4. 製作散熱片

高亮度的LED會散發大量的熱（伴隨大量的光），為你的LED加上散熱片就顯得更加重要，同時也能防止LED燒壞。

使用⅛英寸鑽頭在鋁角一側鑽一對螺絲孔，便能將鋁角置於木塊上（圖 U）。將LED放在鋁角另一側上，在LED中心及預計鎖上兩個4-40螺絲處做上記號（圖 V）。用⅛英寸鑽頭鑽中心孔，再用 # 43鑽頭鑽另外兩個螺絲孔（圖 W）。接著使用4-40螺絲攻搭配少許切削液，以利在 # 43鑽出的螺絲孔內攻出螺絲紋（圖 X）。將鋁角向上與44英寸木塊邊緣對齊，並用兩顆¾英寸木螺絲將其鎖緊（圖 Y）。將LED置於適當位置並用4-40螺絲鎖上，再用³⁄₃₂內六角扳手將螺絲鎖好（圖 Z）。

5. 打造光源

將BuckPuck的LED（＋）和LED（－）導線穿過中心孔（圖 AA），焊接到與LED正極和負極相應的焊墊（圖 BB），再使用一字螺絲起子將BuckPuck的正、負極導線鎖入接線端子臺（圖 CC）。

將電源引線插入電源轉接孔，然後將引線的正、負極導線鎖入接線端子臺另一側（圖 DD）。安裝一個P型配線固定鈕以固定所有線材（圖 EE），最後再把燈接上電源（圖 FF）！（假如燈沒亮，請再仔細檢查各導線極性是否正確。）

玩玩看！

找個陰暗的地方玩玩彩虹燈箱吧！將燈接上電源，並置於燈箱後方當作光源（移動燈光，找出能讓整個燈箱都獲得照明的最佳位置）。試試用手擋住燈光，以投射出彩色的光影。假如把你的手更靠近燈光或者遠離燈光，會如何呢？燈箱背面可以看到什麼顏色？燈箱前面又會是什麼顏色？

試著用不同東西來創造彩色光影，像是鏡片、水、網狀物、鉤針編織蕾絲、金屬網罩等等。找找看你周圍是否有能產生有趣光影或圖案的東西（圖 GG）。你也可以嘗試使用不同顏色的燈光或其他光源，例如將陽光普照的窗戶或電視機當成光源。如果你想更進一步，可以用燈箱製作影子雕像，讓燈箱變成美麗的檯燈。或者你也可以製作好幾個燈箱，將它們相互堆疊，沉浸在燈光幻影中。你還可以玩玩不同尺寸的燈箱。我把燈箱變成小桌子，讓大家可以圍坐在一起玩耍。我想彩虹燈箱如此特別的原因就在於大家能以玩樂及探索的方式，看見光的美妙及其中的物理原理。

◈

簡訊愛犬給食器

Text a Treat

透過簡訊給狗狗零食並傳送
照片的智慧型系統

文、攝影：里奇·尼爾森　譯：屠建明

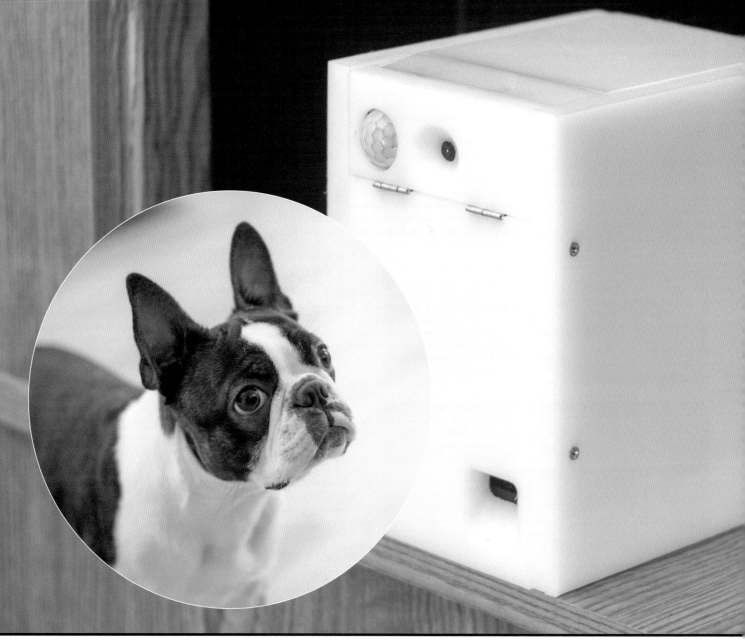

時間：
1周
成本：
40～100美元

材料

- » Raspberry Pi，任何具有相機連接器的機型皆可 例如 v2、v3、Zero v1.3 或 Zero W
- » Raspberry Pi 相機模組，V1 或 V2
- » 伺服馬達，SG90
- » 電源，5V，至少 2A
- » 乙縮醛塑料或替代材料 用於外殼及給食器機制
- » 冰棒棍 或其他材料，用於伺服連桿
- » 平頭螺絲，#4×½" (16)
- » 自攻螺絲，#2×⁵⁄₁₆" (18)
- » 碟形磁鐵，½"×¹⁄₁₆" (2)
- » 對接樞紐，¾"×⁵⁄₈" (4) 各 4 根螺絲
- » 跳接線 (9)
- » 雙面膠帶
- » 狗零食 我買的是 Old Mother Hubbard Classic 天然狗零食

工具

- » CNC 工具機 或 3D 印表機或木工工具
- » 有網際網路連線的電腦
- » 有管理員權限的路由器（或通訊埠轉發服務）

里奇·尼爾森
Rich Nelson
白天在 ROAR for Good 擔任工程師，使用科技讓世界更安全。晚上則製作用途有限但充滿趣味的專題。在他的網站 RichNelson.me 可以看到更多他的專題。

把我們的幼犬格斯（Gus）留在家裡是一件難熬的事，對我老婆尤其如此。身為 Maker，我把它看成一個需要解決的問題，而連假的逼近更幫我訂下為她打造這個禮物的時限。這個專題很快有了輪廓：想出方法來在上班時間監看小狗的狀況，甚至和牠稍微互動。我知道用 Raspberry Pi 就可以拍照和控制電子元件。至於連線能力，我看過幾個專題採用網際網路連線可編程電話號碼服務 Twilio。這是個完美組合，格斯甚至可以傳簡訊給我們！最後，我需要方法來讓格斯看鏡頭，而零食就是明顯的答案。做為我的第二個 Raspberry Pi 專題，這似乎是個大挑戰，但如同任何複雜的工作，我把它分解成可以處理的段落並一一解決。這個方式讓起頭變簡單，而每個段落的成功都是前進的動力。John Wanamaker 說過：「最高的山嶺是一步一步跨越的。」我後來陸續做了一些升級，但原本的設計大致是這樣：我傳簡訊到小狗的 Twilio 電話號碼；Twilio 把簡訊轉送到 Raspberry Pi 伺服器；Raspberry Pi 用 Arduino 驅動伺服馬達來吸引格斯的注意力；Raspberry Pi 拍照；零食彈出來給格斯吃，同時照片上傳到 Dropbox；最後 Twilio 傳送照片給我。對小狗而言，這是個會給它零食的白色魔術箱；對人而言，這是個可以在出門時掌握小狗狀況並拍下可愛照片的方式。

設定 Twilio

有 Twilio，一切都不同了。便宜的電子元件讓大家在家裡就能做出厲害的裝置，而 Twilio 讓我們透過簡訊或通話來連結這些裝置。像 Uber 就用 Twilio 來傳簡訊通知使用者車快到了。我任職的新創公司 ROAR for Good 則用它在使用者身處險境時通知家人。只要幾行程式碼和每則簡訊不到一美分的價錢，Maker 們能讓專題延伸超越家中，而且不需要自訂的行動應用程式或網頁介面。Twilio 會提供我們不重複的電話號碼；收到簡訊後，它會觸發 HTTP 要求。這就像在瀏覽器輸入網址，但它不是向伺服器要求網頁，而是用簡訊傳送訊息（圖 ）。Twilio 支援所有 Raspberry Pi 開發板原生的 Python。

Treat

首先，閱讀 Twilio 的指南：twilio.com/docs/guides/how-to-receive-and-reply。只要 11 行程式碼，我就擁有一個能夠接收和自動回覆簡訊的簡單網頁伺服器！上線之前，我必須透過路由器上的通訊埠轉發將伺服器公開到網際網路。完成基礎伺服器後，這個專題逐漸成形了，隨後我逐步加上其他完成的功能。我把完成的程式碼放在 GitHub（github.com/rmn388/dog-treat-dispenser）。

給食裝置

我的給食器靈感來自彈匣（用零食取代子彈）。我拿了一些我家小狗最喜歡的零食，並設計軌道來容納。給食器的零件（圖 **B** 和圖 **C** 的右上）是用 CNC 切割乙縮

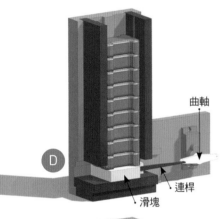

曲軸

連桿

滑塊

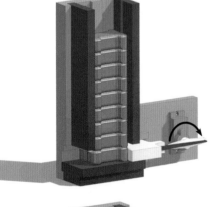

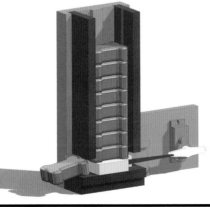

醛塑料而成。給食器同時根據常見的伺服馬達設計，藉此壓低成本。我用曲軸、連桿和滑塊機制來將伺服馬達的旋轉運動轉換成線性運動。這和汽車引擎的曲軸與活塞很像，我們的例子裡白色的塑膠伺服手臂就提供曲軸的功能。我把冰棒棍切割成連桿，而滑塊是塑膠切割而成（圖D）。伺服馬達由PWM（脈衝寬度調變）訊號來驅動，基本上就是用長度不同的電脈衝來控制伺服手臂的角度。為了讓硬體部分儘可能簡單，我嘗試使用Raspberry Pi來驅動伺服馬達。Raspberry Pi沒有原生的PWM硬體，但有一些軟體資料庫可以模擬這種訊號。可惜的是它們用起來常出錯，產生顫動使伺服馬達的動作不可靠。我的簡單解決方法是連接Arduino來控制伺服馬達，效果完美。這一點顯現了Arduino（微控制器）和Raspberry Pi（單板電腦）的主要差異之一：Arduino只能一次做一件事，因此很適合伺服馬達控制這種對時間極度敏感的動作。Raspberry Pi則執行完整的作業系統，因此其他的程序隨時可能干擾我們的程式。

一塊零食勝千言

插入相機並安裝一些套件後，只要兩行程式碼就設定完成了，接著再加一行來拍照！這是專題中無比簡單的部分，因為Raspberry Pi系統有非常良好的支援。

```
import picamera
camera = picamera.PiCamera()
camera.capture('image.jpg')
```

如此就把檔案儲存到本機的資料匣，但Twilio需要URL來傳送照片。幸運的是Dropbox提供簡單的Python API讓我們上傳照片，並取得可分享的連結。此外，這樣還能把照片儲存在共用的Dropbox，讓我們夫妻倆可以隨時瀏覽照片（圖E）。

外殼製作

外殼用的材質也是乙縮醛塑料（圖C中白色部分），希望堅硬的性質能抵抗小狗的堅持。CAD檔案都在我的GitHub。這些零件我是用CNC雕刻機切割，但你也可以用3D列印、傳統木工方法或任何手上的工具做出相同功能的外殼。整體而言設計以低調為原則，讓裝置在家裡不會很突出。然而一個值得注意的功能是鏡頭垂直擺動機制，使用一個活動樞紐（塑膠輕薄可彎曲的部位），透過蓋子前後滑動來控制角度。

更進一步

這臺給食器在我們的日常生活中很好用，但專題發揮的效果有時候會跟想像的不一樣。因為有這些零食，格斯開始增肥了！為了幫牠維持身材，我把預設行為改

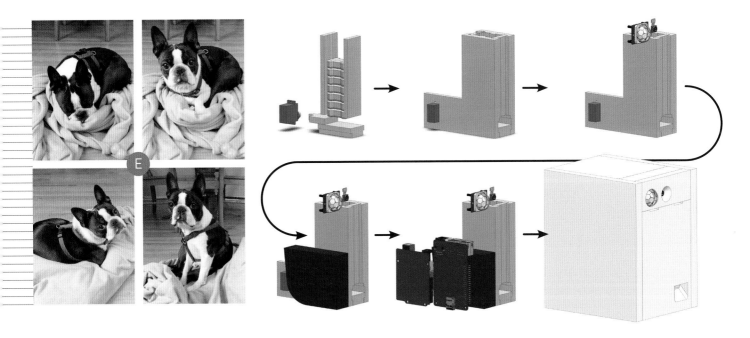

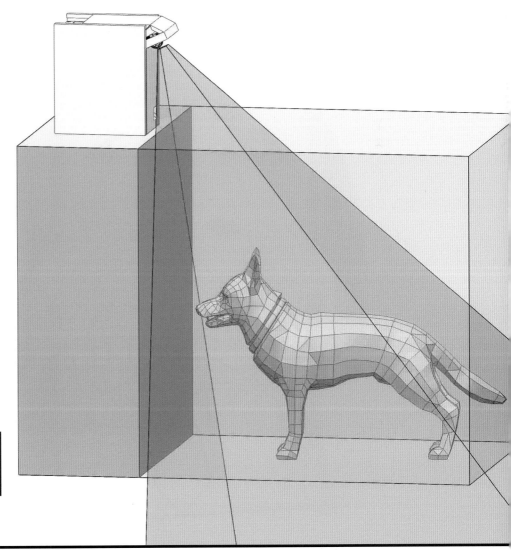

成偷拍照片,只偶爾用特定的簡訊指令來給零食。我還把功能延伸成每天中午自動傳送照片,這樣工作了半天看到也開心。我也新增功能讓我老婆和我可以拍照片傳給對方。我有幾個讓這個專題更進一步的想法。例如即時串流影片的功能就很酷。也可以加裝橫移、擺動鏡頭的機制,或把它變成遙控車,可以跑來跑去尋找格斯。我也接上了一個動作感測器。雖然目前沒有使用,但隨時可以透過軟體來啟動,在格斯移動時自動拍照,或用OpenCV電腦視覺資料庫來偵測牠有沒有在畫面裡。

在makezine.com/go/treat-dis-penser可以看到給食器的實際運作和更多資訊。

機器人雷達
Robot-Ready
Radar

用不到10美元的超音波感測器和一顆伺服馬達
讓機器人感知環境

文：亞當‧坎普　譯：屠建明

時間：
30～60分鐘 +
3D列印時間
成本：
5～10美元

材料

» **感測器架** 從 Thingiverse（thingiverse.com/thing:2481918）下載檔案
» **超音波感測器**，HC-SR04 或同等機型 RobotShop 網站商品編號 RB-Lte-54（robotshop.com）
» **微型伺服馬達** 網站商品編號 RB-Dfr-124（robotshop.com）
» **伺服馬達延長線，30cm** 網站商品編號 RB-Dfr-179（robotshop.com）
» **螺絲，M3 或更小（4）**
» **束線帶**
» **Arduino Uno 或類似機型**
» **機器人平臺**，雙輪、伺服馬達驅動連續旋轉

工具

» **3D 印表機** 零件可以自己列印，或把 3D 檔案寄給列印服務。可參考 makezine.com/where-to-get-digital-fabrication-tool-access 來找可以租借的印表機或服務。
» **超音波資料庫儲存庫** github.com/ErickSimoes/Ultrasonic
» **烙鐵** 可調溫，附支架
» **焊錫** 標準樹脂心
» **熱縮套管**，1/16" 到 1/8"×2"
» **剪鉗** 小型或平口鉗
» **剝線鉗**，20 到 30 線規
» **螺絲**，#1 十字
» **美工刀**

亞當 · 坎普
Adam Kemp
《MAKE》作者之一。有超過 12 年中學科技與工程教學經驗，目前擔任普林斯頓數理國際學校科學、科技、工程、藝術暨數學科系的共同主任。他的著作《自造者空間成立指南》（中文由馥林文化出版）是數千人的參考書籍。

自動駕駛汽車運用各種感測技術來計算相對位置和做駕駛決策。有的感測器判斷地理位置，有攝影機即時處理影像，剩下的則測量速度和磁航向，而我最感興趣的是「光達」。原理和雷達類似的光達會以高速雷射距離感測器連續掃描，產生周遭環境的 2D 或 3D 點雲地圖。這些大量的資訊會經過處理，用來調整車輛的路線。旋轉光達系統非常昂貴，而且需要可觀的處理能力才能充分運用，但幸運的是，相同的原理可以透過傳統的超音波感測器和單一個伺服馬達應用在較小的規模。準備好為兩輪 Arduino 機器人加裝智慧感測功能了嗎？很好！蒐集所有需要的工具和材料（圖 A），來看看如何花不到 10 美元就打造出 3D 列印超音波全面性感測器「超達」（ultradar）！

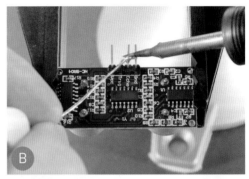

1. 準備感測器

首先前往這個專題的 Thingiverse 頁面（thingiverse.com/thing:2481918）並下載最新的超達構造檔案。下載檔案包含實心模型和驅動機器人的軟體。用以下的設定列印頂蓋和底座的模型：

塑膠類型：	PLA或ABS，其他塑膠未經測試
層高：	0.1mm到0.2mm
填充率：	不低於10%
支撐：	接觸成型平臺
側裙：	無，除非有黏著問題

列印結構的同時，先進行感測器的改造，將 Trig 和 Echo 腳位焊接在一起（圖 B），如此一來可以用三線模式使用感測器，也就讓我們用改造的伺服馬達纜線來控制。切除多餘的材料並將針腳剪短 2～3mm（圖 C）。用工具鉗將伺服馬達延長線公的一端剪掉。將每條線的末端剝除約 3mm 並加上焊錫。從線束將每條線拉出約 2 到 3cm，並將每條線套上一段約 1cm 的熱縮套管（圖 D）。將紅色線焊接到 5V 腳位、白色／橘色線焊接到 Echo/Trig 腳位、黑色／棕色線焊接到 GND 腳位（圖 E）。小心不要讓線過熱，否則會造成熱縮套管收縮。將每段熱縮套管都移到焊接點上，確保覆蓋露出的線和腳位。用熱風槍或打火機在焊接點上收縮熱縮套管（圖 F）。

2. 組裝超達

將底座上螺絲孔的支撐材料移除，並試裝伺服馬達螺絲（圖 G），之後收起來備用。清除頂蓋剩下的支撐材料並確保感測器的孔沒有毛邊。小

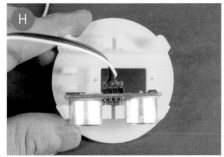

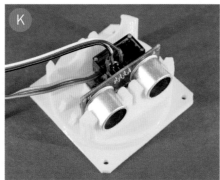

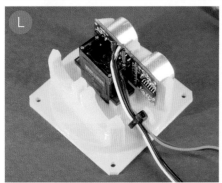

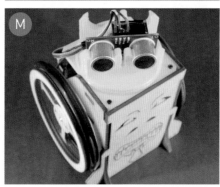

```
0-25, 45-76, 90-37, 135-14, 180-236, max = 180
Left: 40.00ms
0-99, 45-224, 90-31, 135-33, 180-266, max = 180
Left: 40.00ms
0-78, 45-139, 90-5, 135-7, 180-200, max = 180
Left: 40.00ms
0-122, 45-194, 90-29, 135-77, 180-78, max = 45
Right: 20.00ms
0-99, 45-112, 90-211, 135-34, 180-102, max = 90
Forward
0-75, 45-167, 90-79, 135-10, 180-100, max = 45
Right: 20.00ms
0-105, 45-119, 90-16, 135-19, 180-101, max = 45
Right: 20.00ms
0-118, 45-183, 90-46, 135-19, 180-103, max = 45
Right: 20.00ms
```

心地將HC-SR04感測器壓入兩個底座之一，直到晶體剛好接觸塑膠支撐（圖**H**）。儘可能不要碰凹感測器的鋁柱。將伺服馬達插入底座，讓輸出軸位於中心（圖**I**），接著用伺服馬達隨附的兩根固定螺絲來固定（圖**J**）。將Tingiverse超達檔案隨附的「ServoTest」程式上傳到Arduino，並將伺服馬達纜線接到D10。這個程式首先會輸出伺服馬達指令90並將伺服馬達置中。置中後，把超達構造的下半部用合適的螺絲連接。對齊上下兩半部時務必讓感測器的前端焊底座平行（圖**K**）。固定後，就可以將伺服馬達從D10拔除。將感測器和伺服馬達的纜線穿過線架，並以束線帶綁緊固定（圖**L**）。用剪鉗剪掉多餘的材料。這個支架會幫助防止伺服器和感測器的纜線隨著時間老化。將超達感測器安裝上機器人，並讓中央位置直接向前（圖**M**）。將伺服馬達連接到D11，感測器纜線連接到D13，這樣就可以測試了！將「UltraDAR-SingleSweep」程式上傳到Arduino並開啟序列監視器。感測器接著會快速掃描180°，而讀數會顯示在監視器（圖**N**）。如果沒有看到資料串流，就確認感測器使否連接到D13，以及方向是否正確。

3. 準備機器人

　　驅動機器人前，連續旋轉伺服馬達需要修整，如此可以確保機器人能儘可能直線前進，而且轉彎精確。再次載入「ServoTest」程式，並將連續旋轉驅動伺服馬達之一連接到D10。如果伺服馬達開始旋轉，就用小型的十字螺絲起子調整微調電位計，直到伺服馬達停止（圖**O**）。如此將設定伺服馬達的實體中點。透過在序列監視器手動調整來記錄軟體中點。開啟序列監視器，將鮑率設為9600，並傳送一個「−」來降低伺服馬達控制號碼，直到伺服馬達開始轉動。將這個號碼記下來。接著傳送「＝」來提高號碼，直到伺服馬達以反方向轉動，並記下這個號碼。取這兩個號碼的平均值為伺服馬達的軟體中點。對另一個驅動伺服馬達重複這兩個步驟。將伺服馬達拔除，並將左邊驅動伺服馬達連接到D10，右邊連接到D9。再次檢查感測器連接到D13，

Adam Kemp

而它的掃描伺服馬達連接到D11。開啟「ultradar-SingleSweep」程式並更新「leftCenter」和「rightCenter」這兩個常數來對應算得的軟體中點（圖）。其餘的常數決定機器人如何回應周遭環境。可以放著不管，也可以根據下表來調整。最大和最小值適用於無齒輪雙輪伺服馬達驅動機器人。

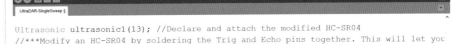

4. 上傳並測試

程式碼儲存後上傳到機器人。這時伺服馬達會抽動，而感測器掃描伺服馬達會移動到本位。一秒鐘後，感測器會開始掃描，而輪子會依程式轉動。將機器人放在空曠區域，讓它開始探索！如果一切都安裝和設定正確，機器人會自動在環境中導航，同時不斷尋找最長的路徑來移動。

偉大的一步

恭喜！加裝超達感測器後，你的機器人往完全自主更進一步。有點嚇人對吧？試試看讓它在書堆成的迷宮裡移動，或放在戶外看它卡住前能跑多遠。發揮的空間無限！希望你喜歡這個專題，並探索各種讓機器人進一步掌握周遭環境的方法。

常數	功能	最小值	最大值
leftTurnTime	每個左轉步數延遲毫秒數	10	100
rightTurnTime	每個右轉步數延遲毫秒數	10	100
reverseTime	倒車動作的時間毫秒數	100	1000
reverseThreshold	觸發倒車的距離公分數	5	15
maxSweepAngle	感測器掃描角度最大度數	0	180
sampleAngle	每次測量的角度，應為maxSweepAngle的約數	15	90
sampleDelay	每次距離測量後的延遲毫秒數	0	10
numSamples	每個採樣角度的平均測量數	10	30

日式空中花園

文：布魯克林・莫里斯 譯：劉允中

Kokedama String Garden

讓盆栽變身為懸掛的藝術品

時間：
20～30分鐘
成本：
10～20美元

材料

» 小盆栽
» 粗的麻繩
» 重黏土或盆栽土
» 盆栽土
» 青苔片
» 泥炭蘚（非必要）
» 泥炭土（非必要）

工具

» 剪刀

布魯克林・莫里斯
Brookelynn Morris
是一個 Maker 老前輩，
住在北加州海岸的紅杉
林中。可以透過推特 @
Brookelynn23 聯繫她。

身為盆栽和插花藝術的狂熱者，我第一眼看到「苔玉」（kokedama，日語青苔球之意）懸掛花園時，就深深著迷。我真的好喜歡把自己的青苔球掛在戶外，看它在微風中搖曳。

製作步驟很簡單，最重要的部分是黏土與土壤的混和。試著儘量讓混和過的土黏合好。把植物放上去時，感覺自己很像雕塑家，而且這件事本來就是在一個看似不可能的地方進行土壤雕塑——一個球形的空中花園。

1. 混和營養比例

將幾把份量適中的黏土與等量的盆栽土混和（圖A）。

2. 將植物從容器中移出

將植物從容器中移出（圖B）。輕輕地捏住根部，把它們拉出摺起，以修剪、調整，但不要把根拉斷（圖C）。將營養液沾上根部，沾愈多愈好。

3. 製作土球

用單手抓住植物，另一隻手把混和過的土拍黏到根部。我自己從側面開始，直到上方，最後把土按壓至底部。把土捏成球形，確認土堆的位置堆到葉子的底部（圖D）。

4. 接上青苔

將青苔用力按壓至土球表面所有位置。青苔很軟，可以輕鬆戳進土球裡（圖E）。

5. 捆麻繩

剪下至少3碼的麻繩。把佈滿青苔的土球放到這堆麻繩中，把它扭一扭捆起來（圖F）、扭一扭捆起來、再扭一扭捆起來（圖G），直到整顆花園球都被綁住。

6. 製作吊繩

捆完花園後，將麻繩其中一端從球上拉起來。將它上下織進麻繩捆中，打一個結。麻繩另一端也比照辦理。維持懸掛的平衡是關鍵，尤其是因為植物還得向上生長（圖H）。

7. 展示

將苔玉掛在符合植物生長條件的地方（圖I）。澆水時，把容器從土球上方澆下水，讓根部都浸在水中。因為這株植物沒有裝在固定容器中，所以需要比其他盆栽更勤於澆水。

更進一步

苔玉的變化型無窮無盡。根部需要很多空間的耐寒植物最適合。在製作土球之前，也可以選擇把根部用泥炭蘚（Sphagnum moss）包起來。把泥炭土、盆栽土與陶土混和在一起也能增加植物吸收的營養、並讓營養浸潤維持更久。
◆

放大你的頭
Fat Head

用鏡片和紙箱把你的腦袋變成超大尺寸

文：林 雄司、吉田 朋史（音譯）、別役 怜　譯：劉允中

時間：
2小時
成本：
30~40美元

材料

» **紙箱** 任何紙箱都可以，深度約 15" 即可。我們用的是文件收納箱 120 號（約 15"×12 1/2×11 1/2）

» **菲涅爾透鏡鏡片** 在全球速賣通（Allexpress）網站購得。使用焦距 **500mm** 的鏡片，效果會很有趣。

» **LED 燈條，暖白色** 這種顏色與汽車車內照明相同。我們用的是 LED 500。你也可以使用別種顏色，只是你的臉就不會那麼清楚。確認要使用色溫範圍 3,000K ~ 4,000K 的型號，看起來打光才會自然。

» **電池與電池座** 選擇符合你的 LED 燈適用電壓的電池。我們用的 LED 已附電池組。

» **電線，兩種顏色** 用來將 LED 燈條接上電池組

» **熱縮套管**

工具

» **美工刀或剪刀** 用來裁切紙箱

» **膠帶** 用來將鏡片黏接到紙箱。透明膠帶視覺效果最好。

» **烙鐵與焊錫** 用來連接 LED、電路與電線

» **壓克力切割刀（非必要）** 用來裁切鏡片

» **雙面膠（非必要）** 如果 LED 燈條沒有附背面膠帶的部分就需要

» **厚的工作手套（非必要）** 可在切割鏡片時保護雙手

» **零食（非必要）** 休息時可以吃

林 雄司
Yuji Hayashi
Daily Portal Z 網站
（portal.nifty.com）主編。

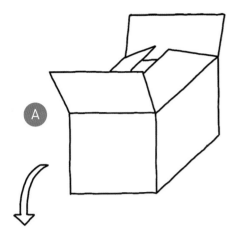

A

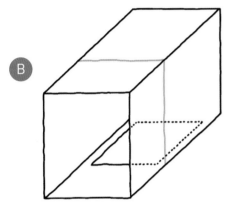

B

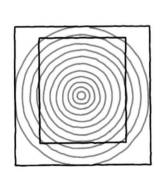

C

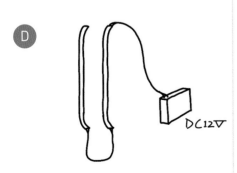

D

在 2016年8月Maker Faire Tokyo，我們主持了一個Big Face Mask（大臉面具）工作坊。一開始，我們讓參加者用立體摺紙製作自己的大餅臉。不過這樣一個人就要花2小時。為了讓事情簡單一些，我們決定直接叫他們戴上紙箱。多虧這個想法所賜，現在只要戴上這個臉部放大箱，兩秒鐘一切搞定。不過我有點擔心這樣還稱得上是工作坊嗎？

我們介紹的不是唯一的做法。請自行選擇想要的紙箱大小、鏡片款式、照明等等，來達到期望的結果。

> **⚡警告：** 穿戴臉部放大箱時，請勿直視太陽或其他強烈光源。

1. 組裝盒子

將紙箱組起來。其中一側的開口保持開啟，用膠帶固定，讓箱子長度得以延伸（圖 **A**）。接著把箱子側放，使開口位於側邊。

在底部裁切出洞口，讓你的頭可以伸進來（圖 **B**）。頭部與鏡片距離約6英寸會變出很好笑的臉。

2. 安裝鏡片

依照你使用的鏡片尺寸形狀不同，可能需要用壓克力切割刀裁切以符合箱子的開口。裁切橫跨圓形的側邊時，請小心別切到手。（我自己進行了三次切割作業。強烈建議你戴上厚的工作手套。）

如果你使用方形鏡片，那裁切時就比圓形鏡片省事多了。務必要讓鏡片中心點保持在位置上。如果需要裁掉2英寸，就要分配成兩側各裁掉1英寸（圖 **C**）。

如果鏡片中心點位於開口後方一點點，你的臉也會變得更有趣。

3. 貼上 LED 燈條

量一段比鏡片較長那一邊稍長的長度，以此長度裁下兩段LED燈條。我們用的鏡片尺寸為15英寸×12½英寸，所以我們將燈條長度定為14英寸。接下來再裁兩段電線，長度比鏡片短的邊稍長，然後焊接LED燈條兩端（圖 **D**），一種顏色的電線接上正極焊墊，另外一種接上負極。將焊點用熱縮套管包覆起來，以防拉扯或接觸

而短路。接電池座的電線要繞遠一點，不要接觸LED正負極處。

在裁切後的鏡片兩個長邊各貼上一段LED燈條；鏡片較光滑的一面朝外，臉會比較好看。LED燈條背面有黏著劑的話就最方便，不過用雙面膠也可以。也可以在鏡片上下方都加上LED燈條，如圖所示。

4. 通通放一起

把鏡片用膠帶固定至箱子上，將電池組也黏著到箱子內側。開啟LED，把箱子戴到頭上，就完成了（圖 **E**）。我們去嚇嚇大家吧！ ⏺

E

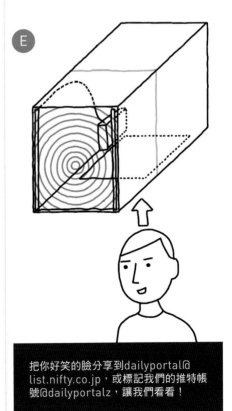

> 把你好笑的臉分享到dailyportal@list.nifty.co.jp，或標記我們的推特帳號@dailyportalz，讓我們看看！

卡米洛‧帕洛‧
帕拉西奧
Camilo Parra Palacio
中國上海的工業設計師，
對於機器人、玩具和開源
硬體充滿熱情，促使他
創立 Otto DIY 專題，他
的夢想就是成為職業級
Maker。

DIY 雙足機器人
DIY Bipedal Robot

Otto機器人開源又客製化，會跳舞、
發出聲音和避開障礙物

文：卡米洛‧帕洛‧帕拉西奧　譯：謝明珊

Otto是以現成零件打造的雙足機器人，不僅開源又跟Arduino相容，還適用於3D列印，可利用任何電腦編寫程式，完成走路、跳舞、唱歌和避開障礙物等動作。Otto站起來身高快要4.5"，零件不到30個，堪稱完美的DIY機器人平臺，方便學習寫程式和機器人，互動性高且有趣！

富有教育意義

Otto也是絕佳教學工具，全球教師廣泛採用，讓小朋友（8歲以上）體會機器人的奧祕，當然，也有大人在玩。

Otto屬於以微控制器驅動的DIY雙足機器人，由於這些專題皆為開源，世世代代機器人都是站在上一代的肩膀上成長（圖Ⓐ）。

Otto專題獲得國際創用CC相同方式分享（CC-BY-SA）4.0授權，開放他人混編、調整和改編，只要獲得原創者的認可和授權，就算是商業用途也無妨，該授權的完整法律規範參見 creativecommons.org/licenses/by-sa/4.0/legalcode。

可以編寫程式

Otto機器人組裝完成後，可以利用USB輕鬆編寫程式，完成數種動作。Otto會依照伺服器所指示的動作，以特定的方

Otto DIY

A 雙足機器人家譜

Easybiped™

Arduped

BoB

Minion

Zowi

Zowi BQ

Bobwi

ICBobtt

MobBob

Tito

Otto

Ayunkowi

Mini Zowi

CHIP-E

innovi

Teapot

時間：
2小時
成本：
3～50美元

材料

ottodiy.com 可以買到整套材料。如果分別購買的話，材料如下：

- » SG90 微型伺服器（4）和內附螺絲
- » Arduino Nano Atmega328 微控制器
- » Arduino I/O 擴展板 N/A
- » 超音波感測器 HC-SR04
- » 跳線，母對母（6）
- » 壓電式蜂鳴器，12mm
- » Mini-USB 傳輸線

- » AA 電池座
- » 開關，8×8mm，自鎖
- » AA 電池（4）

3D 列印零件
從 thingiverse.com/thing:2398231 或 ottodiy.com 自行下載，或者結合下列電子零件：
- » 頭，PLA
- » 身，PLA
- » 腿，PLA（2）
- » 右腳，PLA
- » 左腳，PLA

工具

- » 十字螺絲起子（也包含在機器人套件裡面）

跳舞
突然開始跳各種舞步，例如月球漫步

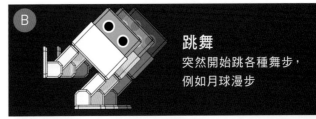

唱歌
播放旋律或者以聲音表達心情

感知
以超音波感測偵測周圍物體，並且做出反應

式移動（圖 B ）。

Otto 內部蜂鳴器可以跟外界溝通（圖 C ），亦可透過程式要求 Otto 運用內建感測器，自動跟周圍環境互動（圖 D ），想知道更多的操作手冊和程式碼，請上 github.com/OttoDIY 網站。

可以客製化

Otto 機身幾乎適用於所有 3D 印表機，大家可以用自己喜歡的線材，打造屬於自己的 Otto 機器人。

該專題的 Arduino 軟體庫，有助於你編寫 Otto 程式，完成各式動作。不妨先參考範例程式，再自行修改，指定自己的 Otto 機器人做其它動作。

Otto 不只軟體可以修改，硬體設計檔案也可以修改，例如

添加手臂、輪子或 LED（圖 E ）。該專題又是開源授權，可依照自己的意願修改。

Otto 是我們中國上海團隊的思想結晶。Acrobotic 跟 Otto 研發部門合作，把這項專題推向群眾募資，最近在 Kickstarter 募資成功，大家在 ottodiy.com 可以買到 Otto 各種零件套件。

甜蜜的歐姆

Ohm Sweet Ohm

從安裝客製化 LED車道燈學到的功課

文、圖：查爾斯‧普拉特　譯：謝明珊

查爾斯‧普拉特
Charles Platt
著有老少咸宜的入門書《圖解電子實驗專題製作》及其續集，也出版過三大冊《電子零件百科全書》，新書《Make: Tools》已上市。
makershed.com/platt

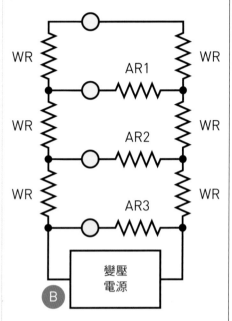

2年前我安裝太陽能車道燈，看似個好主意，但透明塑膠在太陽下曝曬逐漸變黃，電池也跟著毀損，於是我決定整個拆掉，換成40顆平行連接的LED，再以變壓電源供應建議的順向電壓，也就不需要序列電阻（參見圖A）。

我即將獻醜，跟大家解釋哪裡出了問題。

我的車道長，但我估算800英尺18AWG電線只有5歐姆電阻。相比之下，依照歐姆定律，LED通過3.2V電壓的20mA電流，有效電阻是3.2/0.02＝160歐姆。LED當然沒有固定的電阻，而是會隨著電壓改變，但這個數字讓我心裡有個底，再次確信電線的電阻微不足道（想多認識歐姆定律，我的書《圖解電子實驗專題製作》有清楚的解釋）。

我著手拉線和埋電路，最後突然想到（登愣！），40顆LED平行連接，總電阻其實大約4歐姆，而非160歐姆，這樣看來，電線的電阻並不小？

既然有所懷疑，就來算數學吧！圖B顯示4顆LED平行連接，WR意指每個區段的電線電阻，AR1、AR2和AR3藉由調變電阻，把每顆LED通過的電流加以統一。電阻的數值應該是多少呢？我依照歐姆定律苦思後，導出圖中的公式。圖C教大家如何自行驗證。

向專家詢問

我的公式顯示，18AWG電線每個區段若為10英尺，AR1至AR40的電阻，從0.1歐姆到105歐姆不等，這麼高的數值看似奇怪，我決定詢問朋友肯恩（Ken），他有數十年電子工程的經驗。

他說：「LED燈泡不應該平行連接。」

真的嗎？不然要怎麼連接？

「序列連接，採用恆流電源。」

什麼？

肯恩只好耐心跟我解釋。LED的表現不只取決於電壓，也受制於製造品質不一。對於大多數LED正確的電壓，對於部分LED可能有點太高，少數比較貪婪的LED，可能吸收過多的毫安培，進而減少使用壽命。

我難以置信，於是以他們建議的3.2V順向電壓測試部分LED，果然有一顆LED貪

婪地吸取31mA電流，超出說明書所列出的最大值。

若當成 LED指示燈使用，就不會有這種問題，只要添加比標準值高一點的序列電阻就行了。即使LED電力稍微不足，亮度仍足以完成它的使命。

若當成照明燈使用，情況就不同了。我們想要最大的亮度，最好在eBay訂

購恆流電源，大約25美元，把電源設為20mA，輸出至序列連接的LED（圖D），每顆LED皆會有最大輸出，卻無損使用壽命。

不料我遇到新的問題，40顆LED序列連接，總共要40×3.2＝128V電壓，超出大部分恆流電壓的應付範圍，所以我需要3個電源，每個電源分別支援單一迴路，如

A

燈泡平行連接時，每顆燈泡都會獲得相同的電壓（忽略電線的電阻所造成的配電損耗），但部分燈泡會吸收較多電流。

B

燈泡平行連接時，每個電線區段皆有電阻WR。調變電阻AR1、AR2和AR3可以補償電線的電阻，因此每顆燈泡都會通過相同的電流，可以證明：

$$AR1 = 2 \times WR$$
$$AR2 = (4 \times WR) + (2 \times WR)$$
$$AR3 = (6 \times WR) + (4 \times WR) + (2 \times WR)$$

$$...$$
$$ARn = n \times (n+1) \times WR$$

只要每顆燈泡的電阻相同，數值就不重要。

調整電源即可供應每顆燈泡特定的電壓。

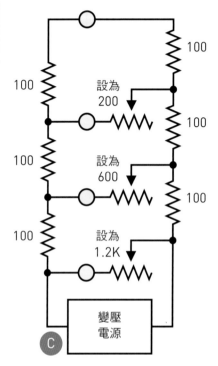

C

為了確認圖B的公式，以100歐姆電阻代表每個電線區段，2K微調器做為調變電阻。只要電阻一樣，即可代表個別的燈泡，每個燈泡的電壓降和電流也會相同。

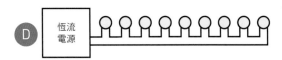

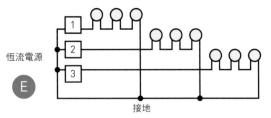

燈泡以序列連接，並搭配恆流電源時，
所有燈泡都會通過固定的電流。

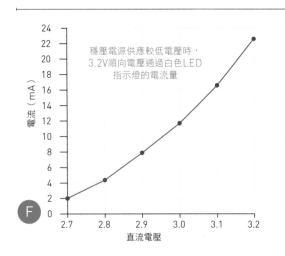

若燈泡序列連接所需的總電壓，
超過單一恆流電源的規格，
可能就需要多個序列迴圈。

穩壓電源供應較低電壓時，
3.2V順向電壓通過白色LED
指示燈的電流量

電流（mA）

直流電壓

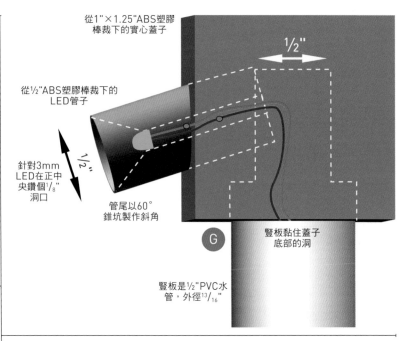

從1"×1.25"ABS塑膠
棒裁下的實心蓋子

從½"ABS塑膠棒裁下的
LED管子

針對3mm
LED在正中
央鑽個⅛"
洞口

管尾以60°
錐坑製作斜角

豎板黏住蓋子
底部的洞

豎板是½"PVC水
管，外徑¹³/₁₆"

圖**E**（簡述個別小組）。

向其他專家詢問

我曾經想過把電路挖起來，整個拆掉，解開電線，加入新電線，再重新埋好。

但我又不想這麼做。

好吧，既然不喜歡肯恩的專業建議，恐怕要試試看其他專家。我聯絡朋友葛拉罕（Graham），他也是經驗老道的電子工程師。

「LED就繼續平行連接吧」他說。「但要用序列電阻。」

他提醒我序列電阻不只會降低電壓，還會限制電流，因為順向電壓微升時，LED會通過更多電流，就算電壓只提高0.5V，電流也會暴增10倍以上，如圖**F**所示。

若每顆LED搭配一個電阻，一旦電流升高，電阻就會引發更大規模的電壓降，畢竟依照歐姆定律，電壓＝電流×電阻。電壓降導致LED通過較少的電流，兩個元件就會在某處取得穩定平衡。

葛拉罕建議我：「安裝470歐姆的電阻吧，接著提高電源的電壓，直到最近的LED吸收20mA電流。」

要不要微調器來補償電線的電阻？

「我並不在意，最遠的LED可能有點暗，但如果看不出差異，就不用擔心。」

連線後效果佳

我照他說的去做，果然亮度不錯，我當然繼續保留平行連接和保護電阻，雖然有一兩顆LED吸收過多電壓而英年早逝，但反正時間會證明一切。

經過這些麻煩事，我早該聰明點，直接買現成的照明系統，但現成的產品很無聊，圖**G**是我為LED設計的外殼，圖**H**是最終樣本，圖**I**是前往我家的車道。

我相信你一定同意，在家飾用品店找不到如此怪里怪氣的可怕綠光小燈。⊘

完美掃除
A Clean Sweep

文、圖：尚・麥可・雷根　力譯：呂紹柔

時間：
1～3小時
成本：
0～50美元

用工作燈上的LED照亮你的掃把

材料

» **充電式 LED 燈條工作燈** 我用了兩個，但一個其實夠用
» **22ga 絕緣連接線**（紅色和黑色各 48"）
» **3×AAA LED 手電筒** 我買 Defiant 的 130 Lumen LED 手電筒
» **拉釘，直徑 5/32"，長 1/2"**（3）
» **AAA 電池**（3）
» **掃把** 我使用微力達的二合一斜角掃把奮箕組，因為它有許多地方便於改造
» **絕緣膠帶或熱縮套管**

工具

» 電鑽和鑽頭
» 鼠尾銼刀
» 模型鋸或弓鋸
» 拉釘工具
» 焊接工具
» 細繩或麻線（6'）
» 剝線鉗／剪線鉗
» 螺絲起子組

我的辦公室在一般燈光照射下看起來很乾淨，但經我專題使用的攝影燈照射後發現，那些遺忘的角落已經開關出大片的灰塵王國。我經常在辦公室一手拿著手電筒照亮桌子底下或是櫃子後面，一手拿著掃把。其實還有更好的方法⋯⋯。

完整教學專題請見 makezine.com/go/build-an-ledbroom，以下為專題概述。

❶ 將所有的東西拆開

請將工作燈的LED及4個外殼螺絲拆下來，並移除手電筒的反射器、透鏡及LED，保留剩下所有零件。你可能需要輕輕將LED撬掉、解焊，或是切掉與底下PCB連接露出的導線。小心地在掃把握把下端的中心鑽出直徑1/4英寸的洞，並在掃把鬚毛的那端鑽出相對應的洞。

❷ 裝上手電筒

請用鼠尾銼將手電筒前端的環形部件的保護蓋銼開，將手電筒栓進環形部件，然後將其推到握把的底部。標記三個 5/32 英寸的洞，平均分配在環形部件的周圍，然後將手電筒拿掉。然後鑽入握把的外殼，在每一個洞裝入拉釘，並保留一顆。

❸ 準備線束

將紅色、黑色電線剪下48英寸長度，將電線互相交織並在兩端約4英寸處打結，形成線束。剝除線束一端的絕緣外層，接著將其焊接至手電筒PCB板，黑線接負極，紅線接正極。線束的另一端用絕緣膠帶或熱縮套管包覆，綁上6英尺的細繩。將細繩的另一端和剩下的拉釘綁在一起，再將細繩垂釣至握把的洞口。將細繩和線束一起穿出去，然後將手電筒栓入握把固定。請將線束塞入掃把鬚毛底座的洞裡，然後將底座栓回握把。將細繩及絕緣膠帶或熱縮套管剪斷。

❹ 安裝 LED

在LED燈條PCB上鑽四個1/16英寸的洞，平均分配在5顆LED間。將LED對齊掃把鬚毛的頂端，讓LED角度面向地面。用PCB當作模板，在塑膠掃把上鑽出四個直徑1/16英寸的4顆外殼螺絲將其固定。將線束穿過PCB底部最靠近焊墊的洞，然後剝除絕緣外層並焊接到焊墊，紅色接正極，黑色接負極。

用用看

將電池放入手電筒中，按下開關。讓你照亮世界的每個黑暗角落。✎

尚・麥可・雷根
Sean Michael Ragan
由 150 萬年前有使用工具能力的靈長類演化而成。他還上過大學等等。尚著有《發明家的手冊》（暫譯）一書（Weldon Owen, 2016）。

How to Build a Crappy Robot

步驟一：擁抱失敗

做出蹩腳機器人，就當成邊玩邊學，
享受過程中的跌跌撞撞，
最好賦予自己不可能的任務，反而有
助於擺脫壓力，放手邁向成功。

步驟三：讓它思考！

步驟四：指示它何時做事情！

輸入：
» 電壓
» 鍵盤輸入
» 感測器：
光線、聲音、動作、
濕度等

大腦！

類比
電壓為0V以上的
系統電壓
（就像汽車的
變光開關）

Vin   Gnd

Sig

數位
只有兩個狀態：
開或關
（就像一般開關）

Vin   Gnd

一旦訊號通過感測器，就會回傳給微控制
器，微控制器再依照訊息決定怎麼做，這個
例子是觸發輸出的意思。

微控制器
執行你的指令：
» Arduino
» micro:bit
» Makey Makey
» Raspberry Pi
以這個標準找到最適合
自己的：

機上感測器？
方便使用，
不佔額外空間

接腳？
你需要多少？
輸入和輸出？
類比或數位？

語言？
你可以挑選最適合
你的語言嗎？
或者你的選擇受限？

資源？
有沒有活躍的線
上社群？
製造商有沒有提
供支援？

處理能力？
能否應付你所有
需求？執行起來快速
而有效率嗎？

通訊？
如何傳輸和
接收資料？藍牙？
Wi-Fi？Zigbee？
USB？UART？I2C？

成本？
你想花多少錢買
板子？
可以用在其它專
題嗎？

動手做蹩腳機器人
不只好玩，還會學到寶貴的功課

文：帕洛瑪・弗特里　譯：謝明珊

帕洛瑪・弗特里
Paloma Fautley
機器人製作者，有的很可怕，有的很樸實，她喜愛學習新的技能，還有協助別人學習新事物。

你第一個問題可能是「為什麼？我只想製作酷炫的機器人，才不要蹩腳的機器人；我想要第一次做機器人就上手，才不要犯錯。」

好吧，蹩腳機器人很搞笑的。看看Simone Giertz或HeboCon的機器人，也沒有多酷炫啊。做出蹩腳機器人，才有機會做出酷炫機器人。從中學到愈多東西，就愈能夠應用到下一個專題。⊘

步驟二：降低標準
別期待第一次就做出完美的東西。
把學習新事物當成目標就好！
你也可能想改變自己對機器人的
看法─原來機器人有各式各樣的形狀、
尺寸和用途。

步驟五：讓它做事情！

輸出：
機器人的頭腦傳輸
做事情的指令
» 以特定電壓運轉
» 你可能需要額外的電源

讓馬達旋轉
市面上有一堆馬達，
但是想更加瞭解直流、
步進、脈衝寬度調變
（PWM）馬達，前往
makezine.com/go/
build-crappy-robots
查詢這個專題
» 步進
» 伺服
» 直流
» H橋直流
» 馬達控制器

開燈
個別LED或LED燈條
» 開啟LED需要多少
（順向）電壓？
» 立即啟動所有LED需
要多少電流？
» 控制LED需要什麼
訊號？
LED/LCD面板多路複用
» 一次只快速開啟一列
» 彷彿所有LED立刻
亮起
» 節省很多電力

播放聲音
» 音響
有各式各樣的音調
» 蜂鳴器
通常只有一個音調

太陽能電池帶著走
Small-Scale
Solar Power

將25瓦半柔性太陽能面板變成實用充電器

撰文、攝影：佛里斯特·M·密馬斯三世　譯：屠建明

時間：
1～3小時
成本：
100～150美元

材料

» 半柔性太陽能面板，20 到 25 瓦
» 鋰電池組，具備 15 到 20V 太陽能輸入充電連接埠
» #12 導線（紅色和黑色）
» 熱縮套管
» 合適的電池連接器

工具

» 剪線鉗
» 烙鐵
» 熱縮套管

1975 年作者的 DIY 太陽能面板。

折疊式和半柔性太陽能面板。

這塊太陽能面板熱到幾乎可以煎蛋。

100 瓦的太陽能面板放置一天後把下面的草烤焦。

陽光或許不用錢，但要將它變成可以使用的電源就不一樣了。我認知到這點是在 1965 年的時候，我向材料商赫爾巴赫與瑞曼（現名為 H&R Company, Inc.）買了一些晶矽太陽能電池。根據 CPI 通貨膨脹計算器，這些 0.75×0.75 英寸的電池價格當時每個要價 2.49 美元，相當於現今的 19.30 美元。

在 1975 年，我用九個這種太陽能電池製做一臺充電器，在越野自行車旅行時用來為筆型手電筒的兩個 AA 電池充電。焊接起來後，我把太陽能電池放在 3×6 英寸、厚度 1/8 英寸的壓克力板上，用矽膠黏著劑覆蓋，再拿一塊薄的透明塑膠蓋在矽膠上。我在正極輸出和電池正極端子中間加裝阻隔二極體，防止電池在晚上透過太陽能電池放電。這樣就完成了一組防水的太陽能充電器（圖A），過了 42 年依舊效能不減。

可攜式太陽能發電的優勢

現在的晶矽太陽能電池比我 1965 年買的效率更高，也更便宜。市面上也有各種預先組裝、防水，甚至折疊式和半柔性（圖B）的陣列，還有內建的阻隔二極體。半柔性的太陽能比安裝在金屬和玻璃框內的設計輕很多。你也能買到非晶矽的陣列，但效率和壽命就不如晶矽。

可攜式太陽能發電適合在自行車旅行、健行和露營時用來給手機和手電筒電池充電。在長時間停電時尤其方便。然而太陽能也有缺點。

可攜式太陽能發電的成本

成本是可攜式太陽能發電的最大缺點。在我打字的同時，我的 iPhone SE 正消耗 5.3 瓦（0.0053 千瓦）的電能，同時透過 Kill A Watt 能源偵測器充電。這支手機從沒電到充飽要 2.5 小時。假設充電時的耗電恆定（我的手機在充電時耗電會下降），則充飽電需要 2.5×0.0053 kW，即為 0.01325 kW/hrs。

根據美國能源資訊局（eia.gov），

佛里斯特·M·密馬斯三世
Forrest M. Mims III
（forrestmims.org）業餘科學家及勞力士獎得主，曾被知識性雜誌《Discover》選為「五十位最聰明科學家」之一，出書量暢銷超過 7 百萬本。

2017 年五月時 50 州的平均電費是每千瓦小時 13.02 美分。以這個費用每天把我的手機充飽，一整年下來只要花 62.97 美分。

這個測試是這支手機自 2016 年春季以來第一次由線電流充電，從那時我就開始用鋰電池組充電，而鋰電池組是用 25 瓦的半柔性太陽能面板來充電，總成本超過 150 美元。我認為這用於健行、露營和緊急狀況是合理的花費。

運作問題

太陽能發電只有在出太陽時才有用，天空有淡淡卷雲也行。但雲層更厚的話會大幅降低面板的最高能源生產。另一個考量是太陽能面板要朝向太陽來取得最佳效果，這是讓我一天中多次從書桌起身去調整面板位置的好藉口。還有一個問題是太陽能面板可以變得很燙，尤其在夏天。雖然我還沒辦法用太陽能面板煎蛋，但也很接近了（圖C）。在熱天把面板放在草皮上就會把草烤焦（圖D）。高溫就是電池組內建太陽能充電器不可行的原因，至少在夏天是如此。

相機、手機和平板電腦的太陽能充電

像圖B這樣的精巧型面板具有一個 USB 連接埠，可以直接給有 USB 電源連接埠的裝置充電。雖然這種面板可以放在背包裡方便攜帶，使用時必須注意避免讓被充電的裝置過熱。廣告裡的照片有時會讓面板和手機相鄰，甚至放在手機下面，這樣手機內部的電池可能過熱。裝置或電池在充電時最好遠離面板，也不要朝向陽光。

如果太陽能面板先給電池組充電，之後再由電池組給其他裝置充電，這就是間接充電。過去一年 ATOTO Ultra UPS 電源供應器進駐我書桌的左邊，現在正為我的手機和平板電腦充電。我每 10 天會把它拿到戶外用 100 瓦太陽能面板充電。雖然市面上似乎已經買不到 ATOTO，但有類似且能力更強的 Chafon CF-UPS018 346WH 電源供應器。我也有好幾個小型

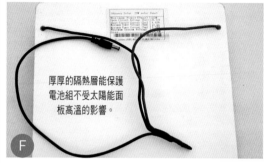

厚厚的隔熱層能保護電池組不受太陽能面板高溫的影響。

F

作者的 25 瓦太陽能充電器在夏威夷運作。

G

將太陽能面板的導線和電池組的插頭連接起來。

E

鋰電池組,它們有內建充電控制器,可以用 15 到 20 瓦的太陽能面板充電。雖然其中有些機型已經買不到了,仍然可以找到很多有 USB 的電池組來用支援 USB 輸出的太陽能面板充電。圖 **E** 是我的 25 瓦面板在華氏 98 度的夏天裡為電源供應器充電。當電源供應器達到 115 度,我就把它移到室內。

DIY 可攜式太陽能充電器

旅行時,我會攜帶適合用 USB 連接埠為裝置和電池組充電的折疊式太陽能面板(圖 **B**)。長途旅行或在家庭辦公室裡的話,我使用 25 和 100 瓦半柔性面板為 15 到 20 伏特等高容量電池組充電。其中 25 瓦的面板已經改造來給 RAVPower Model RP-PB14 鋰電池組、ChargeTech 行動電源(昂貴)和 ANKER Mobile Power 79 AN20 L 行動電源(停產)充電。和多數的高功率面板一樣,這塊 25 瓦面板附有正極和負極導線,末端有防水 MC4 接頭,設計來串聯並聯兩個或以上的面板。以下是我將 25 瓦半柔性太陽能面板變成實用充電器的方法(圖 **F**):

» 將兩條導線在離面板頂端塑膠端子三英寸的地方剪掉,並從兩條線的末端各移除 0.5 英寸的絕緣材料。

» 讓面板暴露於弱陽光或室內白熾燈,用萬用表判斷導線的極性。把極性(+ 和 -)分別標示在面板的上方角落。

» 將長度 1 英寸的熱收縮套管套上面板的每條線。

» 將一對長 16 英寸的 #12 紅色和黑色導線移除 0.5 英寸的絕緣材料,將線從面板頂端背面最上方的兩個孔眼插入(紅 = + 孔眼、黑 = - 孔眼)。

» 觀察極性並把新的導線焊接到太陽能面板的兩條線。

» 將熱縮套管套上焊接的連接點並加熱。

» 將紅色和黑色線空著的末端,和專為 15 -20 伏特太陽能充電設計(非 USB)的小型電池組輸入插座相容的電源插頭焊接在一起。或者為了確保相容性,把電池組提供的電源供應器輸出線剪下 16 英寸的長度,並把它焊接到紅色和黑色的太陽能面板導線。

⚡**注意**: 觀察極性

你可以修改這些步驟。舉例來說,那兩個孔眼可以鑽出來,讓面板的纜線穿過去。

在 2016 年夏天,我在夏威夷的冒納羅亞天文臺校正 NOAA(美國國家海洋暨大氣總署)的世界標準臭氧層測量儀器時,這個面板正好派上用場。我把面板連同 45 磅的電子器材放在托運行李底部。每天都用它來給電池組充電。在開車下山到海岸洗澡和買東西的那幾天,面板就放在租來的吉普車的副駕駛座擋風玻璃下(圖 **G**)。在夏威夷過了 64 天後,我把面板運回家,抵達時沒有損壞,並固定使用至今。為了確保你也有良好的使用體驗,請上網仔細比較各種可攜式太陽能發電產品。◐

馥林文化

Make:
The magazine for makers

動手玩科學

Tinkering : Kids Learn by Making Stuff

邊玩邊學的兒童教育

柯特・蓋比爾森 Curt Gabrielson 著
潘榮美、劉允中 譯

翻滾吧，松鼠！

Twirl-A-Squirrel

改造你的餵鳥器，用遙控（溫和地）
驅逐「毛」賊們

賴瑞·寇頓
Lorry Cotton
終於不再追求做出
驚天動地的創舉。
熱愛電器、音樂和
彈奏樂器、電腦、
鳥類、家裡的狗與
妻子——以上順序
沒有特別意思。

文：賴瑞·寇頓　譯：蔡宸紘

備註：此裝置對松鼠無害！

時間：
1～2個週末
成本：
70美元

材料

» 玩具飛機——取出接收器電路板、天線、遙控系統、電池盒、螺絲，Amazon #BOOPAHKF26，amazon.com
» 鹼性電池型電動起子 Amazon #B004HY3APW
» AA 鹼性電池（6）
» 電線，22GA，2'
» 鱷魚夾
» 機械螺絲，8-32"×1⁵⁄₈"，附螺帽和墊圈
» 銅焊條，直徑 ³⁄₃₂"（4"）或鐵絲衣架
» 衣架（18"）
» 彈簧，4¹⁄₂" 長，外徑 ¹⁵⁄₃₂"，線徑 .041"
» 小彈簧、電工膠帶等
» 鉛條，厚度 ¹⁄₁₆"（4"×4"）
» 壓克力板，厚度 ¹⁄₈"（8"×10"）供機臂、頂蓋、隔片使用。少量的話，通常都可在玻璃窗店買到。
» 金屬板螺絲，#6×³⁄₈"（12）
» 金屬板螺絲，#6×¹⁄₄"（2）
» 金屬板螺絲，#8×⁷⁄₈"（2）
» 微動開關，SPST，常閉型
» 開關用螺絲、螺帽，6-32（2）
» 木銷，³⁄₈"（¹¹⁄₁₆"）
» PVC 管，4" 1120 SDR（10'），需要 4³⁄₄" 供外蓋使用。類似的材料，像是塑膠食品罐（12oz 阿華田、40oz Jif 花生醬等等）或 2 升飲料瓶等容器都可以使用。或者就直接用 1 加侖容量的保鮮袋包裝所有東西也沒關係。
» 硬質塑膠，¹⁄₁₆"，或壓克力 若不使用食物罐或者塑膠袋的話，可以用這材料製作頂蓋。
» Creatology 泡棉板（9"×12"）
» 泡棉
» 木材，1×4（3'）
» 固定栓，¹⁄₄-20，墊圈（3），螺帽（2）
» PVC 軟管 ¹⁄₂"ID（公稱尺寸）（14"）
» 束線帶，4"（2）
» 餵鳥器和向日葵種子

工具

» 標準手工具
» 磨利的線鋸
» 帶鋸機（推薦）
» 弓鋸
» Phillips 螺絲起子（#0）使用於飛機的螺絲釘上
» 鋼絲鉗
» 砂紙（120 和 320 grit）
» 熱熔膠槍和熱熔膠
» （手持型或臺式）砂輪機
» 電鑽
» 鑽床（推薦）
» 鑽頭（¹⁄₁₆" ～ ³⁄₈"）/64
» 小型焊槍
» （薄）焊錫
» 直尺和捲尺
» 數位游標卡尺（推薦）
» 削尖的鉛筆
» 圓錐刀和平銼刀
» 潤滑油
» 熱縮套管
» 熱風槍（非必要）

開門見山地說：這個裝置就是要甩掉餵鳥器上饑餓的松鼠。在我們住的地方，松鼠是麻煩份子。雖然我承認，牠們既勤奮又聰明，但麻煩是事實。我們一直在尋找更好的妙策對付牠們，但牠們總在幾分鐘或幾小時內就又成功掠奪了餵鳥器。

其中至少能暫時阻卻松鼠侵略餵鳥器的有效方法，就是甩掉牠們。其實市面上就有販售這種的餵鳥器，只要松鼠一坐或掛在裝置上，牠的重量就會啟動馬達，一瞬間就把松鼠甩下。而且我的天啊，這產品只需要 165 元美元呢！詳細資訊見以下：drollyankees.com/product/yankee-flipper-bird-feeder。

但有個缺憾是：如果在松鼠嘗試偷食的時候，你人不在現場，那麼樂趣就會這樣溜走了。於是我決定使用遙控親手甩掉這些動物。當然松鼠們還是會得手幾次（有時還吃得不少），但當你只須按一個鈕，就能阻撓那些貪得無厭、趾高氣昂的種子小偷們，就會覺得一切都值得了！

那麼松鼠會就此氣憤，一去不回了嗎？並沒有，松鼠反而充滿好奇心，想要弄清楚發生了什麼事。又或者，牠們只是像不知規矩的小孩，只是在享受在用餐時被突然甩走的樂趣。於是牠們不斷地嘗試，一直……這個嘛，請看上一段的敘述。

喔，我的 Holy Stone 啊！RC 發射器和接收器只要 11 美元！你沒看錯，我們的遙控無線電，就是出自 Amazon 的供應商之一的「 Holy Stone 」，它巧妙地佯裝成玩具飛機的模樣（圖Ⓐ）。而我們甩飛松鼠的馬達同樣出自 Amazon，價錢 9 美元，也高超扮成 Black & Decker 螺絲起子（圖Ⓑ）。

1. 發掘玩具的實用零件

使用 Phillips 的 #0 螺絲起子拆開機體的頂蓋。這次不會用到飛機的馬達（圖Ⓒ中，黃色的方形外殼）；但你若想保留給之後的專題使用，你就得小心地同時提取兩半邊，否則裡頭的齒輪就會掉出來。相信我，要把它們放回去可要費一番功夫。兩個馬達組件我用 4 英寸的束線帶捆起來，再和其他的備用 DC 馬達收在一起。

拿開其他部件的時候，別把螺絲弄丟了，也要把接收器的電路板和天線收好，而機體的下半部就變成（圖Ⓓ）的樣子。

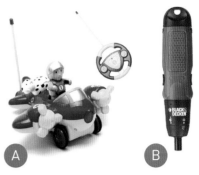

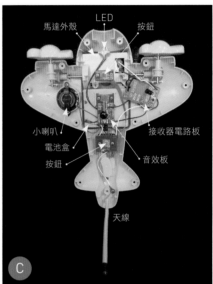

馬達外殼　　LED　　按鈕
小喇叭　　　　　　接收器電路板
電池盒　　　　　　音效板
按鈕
天線

Ⓒ

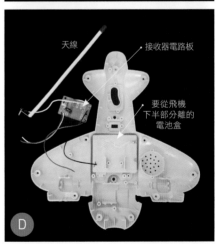

天線　　　　接收器電路板
要從飛機下半部分離的電池盒

Ⓓ

注意： 電線的顏色和以上的部件可能會和飛機的細節不搭。拿圖 D 來舉例，接收器電路板一角的電線，如果不是紅色、而是綠色的，那麼所有的紅色電線都要用綠色電線替換。只要遇到細節不相符的問題，就可以使用以上的方法解決。

精密的發射器不用做任何改造；接收器電路板則需要移除多餘的部件：開關、LED、小喇叭、音效電路板和按鈕。

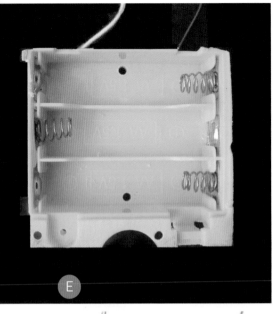

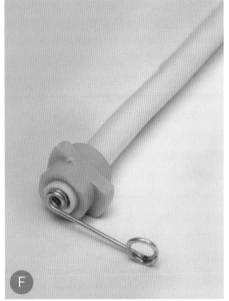

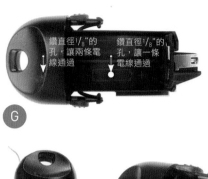

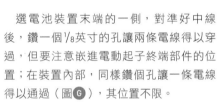

2. 準備電池盒和天線

取出機體下半部的電池盒，但別損害到盒壁和那兩條電線，之後再輕輕磨平鋸痕。如此一來，電池盒整體的尺寸應該會是長2⅝英寸、寬2英寸。為了固定電池盒，在電池區相隔最遠的兩個區間，各鑽一個直徑³⁄₃₂英寸的螺絲孔（圖Ｅ），鑽孔的位置要在電池兩端中間，記得要把螺絲頭的直徑也算進去。其他下半機身的零件和沒使用到的部件，就予以回收。

接收器和電池盒的所有電線出口都要用熱熔膠加強。因為結構脆弱，為了預防電線損毀，也要注意不同顏色電線的走向。收好零件後，打磨天線的藍色部件的一側或多側，讓兩者的表面在組合時能更服貼（圖Ｆ）。

3. 改造電動起子的電池裝置

首先確認電動起子還能運轉：將4個AA電池放入電池裝置中，再分別試按正／反轉的按鈕。接著把電池裝置拆下、再裝回，重複幾次這些步驟。如果還能正常運行，恭喜！可以移除測試用的電池了。

飛機原先的電路為4.5V，是由3顆AA電池供電。然而為了給松鼠優質的旋轉體驗，我另外為起子的馬達接上了1顆AA電池，不是用剩餘的電路，而是一個獨立裝在起子（能裝4顆AA電池的）的電池裝置。

選電池裝置末端的一側，對準好中線後，鑽一個⅛英寸的孔讓兩條電線得以穿過，但要注意嵌進電動起子終端部件的位置；在裝置內部，同樣鑽個孔讓一條電線得以通過（圖Ｇ），其位置不限。

用大約22GA的電線為電池裝置接線。但因為只有（連結電動起子接口的）金屬片能夠焊接（圖Ｈ），於是在電線的另一端口，我使用小鱷魚夾來接線。稍微彎曲末端電線（圖Ｉ），會讓鱷魚夾更容易夾住。

紫電線（已焊接，圖Ｊ）會和接收器的藍電線相接；而黃電線（已焊接，如圖Ｋ）會與接收器的白電線相接。將這兩條電線穿過你第一個鑽的孔。而另外一個孔，則是為了下一步驟的保險螺絲做準備。

為了讓電動起子能固定在餵鳥器的機臂上，要在電池裝置的頂部中線鋸出⅛英寸寬的開口（圖Ｌ）。但注意深度別超過⅞英寸，否則有可能會損害到電池的末端金屬部件。。

4. 裝上保險螺絲

雖然我沒遇過電動起子的這種情況，但如果有強大的拉力，黑色的電池裝置有可能與橘色的起子外殼（連帶的是餵鳥器、貪婪的松鼠等）分離。為了預防問題發生，我想用長型的機械螺絲，讓它穿過電池裝置、貫串電動起子的兩側平面，以好好固

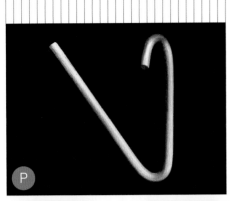

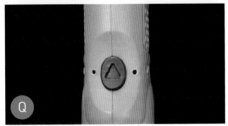

R **機臂** ⅛" 透明壓力版

鑽孔（以紅點表示）用途及直徑
A：定位銷（¼"）
B1：垂直位移限位螺絲（⅜"）
B2：電動起子固定樁（⅜"）
C1：低位彈簧固定螺絲（¹/₁₆"）
C2：電池盒固定螺絲（¹/₁₆"）
C3：接收器電路板固定螺絲（¹/₁₆"）
D1：開關用螺絲（²/₃₂"）
D2：天線用束線帶（²/₃₂"）
D3：外殼用螺絲（²/₃₂"）

定兩者。

在電池裝置中放入1顆AA電池後，決定要鑽孔的位置，而這也連帶決定了會在起子外殼的哪個位置鑽孔。鑽孔時，千萬要注意電池、電池裝置的骨架、還有其他新接上電線的位置。先做好記號，但別急著動手！

量測外殼兩側和中線到你的標記點的距離長度，接著依照測量的結果在起子外殼上做上記號。嵌進電池裝置，卡好外殼後，找個平坦的表面穩穩固定兩個部件，一口氣鑽下¹¹/₆₄英寸的孔（圖 **M**）。這裡若使用鑽床會更方便，但不必一定要使用。

做為檢查確認，用8-32×1⅝英寸的機械螺絲穿過起子的兩側。我設的保險螺絲位置如圖 **N** 所示，和你設定的位置會可能有些差異。如果確認沒問題，就可以先把螺絲、電動起子和電池裝置分開，再把電池取出。

5. 改造起子夾頭和正／反轉按鈕

用銼刀或砂輪機，在靠近夾頭末端的地方磨出一小平面，接著就在平面上鑽出直徑³/₃₂英寸的孔，建議可以使用鑽床（如圖 **O**）。因為夾頭經過強化，鑽孔會有難度，所以如果可以就使用新的機臺，並塗上幾滴油來保持鑽頭的潤滑。只要在夾頭的一側鑽出一個孔就可以停了。

用衣架（或更好的選擇：³/₃₂英寸的黃銅焊條）製作勾子，把它大概折成像圖 **P** 一樣的形狀；接著稍稍扭轉它，讓大小彎曲處不會在同個平面上（相差30°～45°即可）。讓較小的勾穿進剛鑽好的孔中，接著用小彈簧纏繞、固定住勾子。如果手邊沒有合適的彈簧，也能用電工膠帶代替使用。

如果沒有壓下側邊的按鈕，電動起子不會運轉，因此需要製作「按鈕壓片」。從厚度¹/₁₆英寸的鋁片，裁下長¼英寸、寬1³/₁₆英寸大小的材料。因為體積小，所以要小心不要觸碰到銳利的邊緣。在鋁片上鑽兩個⅛英寸的孔，再用它當作模具，小心地在其一按鈕的兩旁各鑽一個（直徑³/₃₂英寸）相對應的孔（圖 **Q**）。

> ⚡ **提醒：** 在離鑽頭尖端⅛英寸處，用小片膠帶繞起做記號，以防鑽過頭的情況發生。

用2顆#6×¼英寸的金屬板螺絲將按鈕壓片固定在電動起子上，並確認按鈕有被壓下即可。記住不要將螺絲上得太緊。

6. 製作機臂

從新的壓克力板中裁下機臂、以及兩側的保護板。機臂會承裝接收器、天線、電池盒、和新開關；同時也會架上電動起子，也就代表會架上餵鳥器。

在標記紅色的點鑽洞，但C1除外（圖 **R**）。在穿鑽電池盒、接收器電路板、和開關的孔時要注意，每個孔一定要能符合對應部件上的孔。你可以先用雙面膠暫時貼緊平面，再確認壓克力保護板上安裝孔的位置。這方法可以確保固定螺絲都準確對應到機臂的孔上。

> **重要：** C1孔是拉伸彈簧安裝之處，會有一定的（上拉）受力程度。我將孔的圓心設在離機臂邊緣³/₃₂英尺處，注意不要在小於這個距離的位置鑽孔！

7. 將零件安裝上機臂

使用4顆你在拆裝飛機時留下的螺絲，將接收器電路板和飛機電池盒裝上機臂，注意不要上得太緊。

將開關用兩顆機械螺絲和螺帽裝上，開關的按鈕一定要突出機臂邊緣；如果有必要，可以折一下開關的末端調整。接著將接收器的紅色電線和電池盒的黃色電線焊接上開關，但不要弄斷從電池盒負極連到接收器的黑色電線。天線則用4英寸長的束線帶固定至機臂，再用金屬板螺絲或小機械螺絲與螺帽，將天線上短又無彈性的電線與接收器的電線接上。

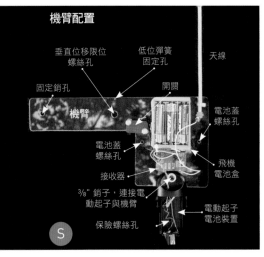

機臂配置

垂直位移限位螺絲孔
低位彈簧固定孔
天線
固定銷孔
開關
機臂
電池蓋螺絲孔
電池蓋螺絲孔
飛機電池盒
接收器
3/8" 銷子，連接電動起子與機臂
電動起子電池裝置
保險螺絲孔

S

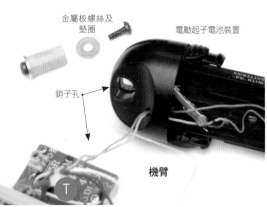

金屬板螺絲及墊圈
電動起子電池裝置
銷子孔
機臂

T

頂蓋
9"×12"×.078" 自黏泡棉板
天線的開口
1/16"-1/8"塑膠
1 1/4"
1 7/16"
1/2"
外殼
3 7/8"
7/8" 的開口
2 1/4"
將木塊用熱熔膠固定在頂部和底部的中間
4 3/4"
1"
4"薄壁排水管
沿著彎曲處
1/2"
3/4"

U

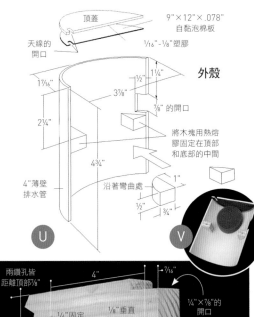

V

兩鑽孔皆距離頂部7/8"
4"
7/16"
1/4"固定栓鑽孔
1/8"垂直位移限位螺絲鑽孔
1/4"×7/8"的開口
1×4 木材
木支撐板
開關按壓板螺絲與墊圈
15/16"
1/8"鑽孔，供PVC彈簧固定管和隔片的螺絲使用
1/2"

W

在長 11/16 英寸、直徑 3/8 英寸的銷子末端，鑽上兩個 1/8 英寸的定位孔，電動起子會用銷子固定在機臂上（圖 T）。讓起子的電池裝置跨過機臂，如此一來，電池裝置就會在（載三個電池的）電池盒的另一側。之後插入銷子（可能需要點打磨），再裝上墊圈和螺絲。

將電池裝置中兩條新電線（圖 J 與圖 K），焊接在接收器電路板的藍鉛和白鉛上。如果搞錯電極可是會燒掉的，請小心。最後使用熱縮管，包覆所有的焊接點。

8. 製作外殼

我製作弧形外殼的材料，是用手邊內直徑 4 英寸的薄壁 PVC 管，但類似的像是塑膠食品罐（12oz 阿華田、40oz Jif 花生醬等等）或 2 升飲料瓶等容器都可以使用。在壁內一側切出一處開口讓開關能夠通過。或者你能選擇略過製作外殼的步驟，只要你能接受只用一加侖容量的保鮮袋套著。相信松鼠也不會介意的。

我用 1/16 英寸的硬質塑膠製作頂蓋（也能用機臂剩餘的壓克力板代替），並在底部貼上 Creatology 自黏泡棉板，就能形成防風雨的封裝。最後用熱熔膠固定好頂蓋和外殼（如圖 U）。如果你是拿食物容器代替，只要容器底部算平坦，就不一定要製作頂蓋。

依照外殼的輪廓，用木頭碎塊做出兩個固定外殼的方塊。打磨完要接合的平面後，用熱熔膠固定好。最後，將一小塊泡棉板用熱熔膠固定在內側中，以承接該三顆電池（圖 V）。

9. 製作木支撐板（又稱：松鼠的斑馬線）

材料使用標準 1×4（3/4 英寸×3 1/2 英寸）的木材。而木材的長度會取決於餵鳥器與裝上支撐板的樹。

切出一角讓拉伸彈簧的底圈得以通過。固定銷需要一個鑽孔；而拉伸彈簧固定管及按鈕壓片共需要三個定位孔（圖 W）。

10. 製作拉伸彈簧固定管、隔片及開關鈕固定器：

截取 14 英寸長的（公稱內徑）1/2 英寸

PVC 管，之後可以再視餵鳥器加裝後的重量截短。像我的餵鳥器重（1 + 1/2）lbs，我的管長就是 12 英寸。

在管上切出 L 型開口，用來與支撐板相嵌組裝。

在切口末端鑽兩個 11/64 英寸的孔，用來安裝固定螺絲。在頂部部分，鑽穿數個 1/16 英寸給釘子的孔，釘子會固定拉伸彈簧的上半端（圖 X）。釘子所在處控制著彈簧的向上拉力，抵銷機臂整體的重量，包括餵鳥器還有，你知道的，松鼠。

拿機臂剩下的壓克力板製作隔片（如圖 Y）。在臺鉗上用帶鋸機或線鋸，小心切割出開關鈕固定器的平面輪廓，再用弓鋸或銼刀切出狹口，最後折成像（圖 Z）90°的外型。

11. 最後組裝和測試

把木支撐板水平牢牢鉗在臺鉗後，將機臂組件組裝至木支撐板（圖 AA），使用一個 1/4 英寸 -20 螺栓、連接兩者的墊圈和兩顆螺帽（外螺牙固定住螺帽）。支架長度 3 1/2 英寸的那側必須垂直，且機臂轉動要順暢、不能有卡住的情況。

將拉伸彈簧的一端裝上機臂的 C1 洞（參考圖 R）。接著讓固定器放在彈簧頂部，並用兩個 #8×7/8 英寸的金屬板螺絲與木支撐板臂組合。將壓克力隔片墊在底部的螺絲上（圖 AA），頂部的螺絲對機臂而言也能做為限制垂直位移之用。讓這兩個螺絲維持一定的鬆度，如此機臂才能順暢運行。

拿出已拉直的 18 英寸衣架，將末端折成鉤子的形狀。接著將鉤子從頂部伸進固定器中，直到勾住彈簧，接著再往上拉。拉的途中，在管內頂部插入一根釘子，將彈簧固定在釘子上後，就可以抽出衣架。

藉著之前在機臂上（相應組裝塊）鑽的孔（圖 R 的 D3 孔）定位，對準好外蓋位置。在組裝塊上各鑽一個 1/16 英寸的定位孔。裝入 3 顆 AA 電池後（要注意電極位置），用幾個 #8×1/2 英寸的金屬板螺絲把保護殼釘上。但不要封死，畢竟之後還是會用到電池。

按照圖 W，用 #6×3/8 英寸的金屬板螺絲裝上按鈕壓片，記得在開關的底部以及

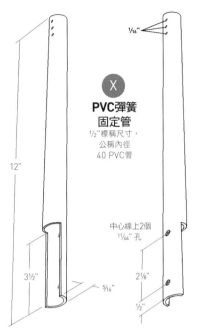

X
**PVC彈簧
固定管**
½"標稱尺寸,
公稱內徑
40 PVC管

12"

3½"

5/16"

中心線上2個
11/64"孔

2⅛"

½"

1/16"

Y
隔片
⅛" 透明壓克力

直徑1",
中央有3/16"鑽孔

Z
**開關鈕
按壓板**
1/16" 鋁片

½"   1"

¾"

折成90°

½"   ½"

3/16" 狹縫,
位於中線

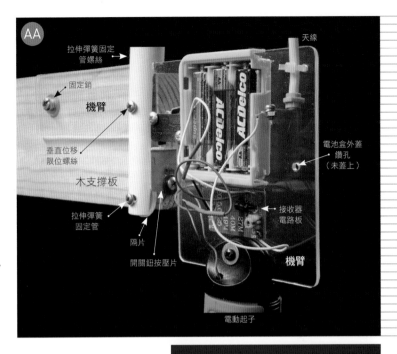

AA

拉伸彈簧固定
管螺絲

固定銷

機臂

垂直位移
限位螺絲

木支撐板

拉伸彈簧
固定管

隔片

開關鈕按壓片

天線

電池盒外蓋
鑽孔
（未蓋上）

接收器
電路板

機臂

電動起子

壓片的頂部間留小間隙。將一枚電池放入
起子的電池裝置,檢查完電極後,裝上電
動起子的機身,並用8-32×15/8英寸的長
保險螺絲、墊圈和螺帽,將兩者緊緊固定
住。

　　如同上文提到的,機臂的固定銷必須
要有一定轉動空間,這樣才有可能鬆開或
按壓開關。這控制到接收器的能源（如果
沒有按壓發射器的紐,電動起子便不會運
轉）。

　　放2顆AA電池到發射器中,下推機臂、
再按下按鈕。其中一個按鈕會讓起子快速
轉動,另一個按鈕的轉動速度則較慢,而
兩者轉圈的方向是相反的。

　　裝填食物到餵鳥器中（向日葵種子重量
輕又美味）,並將餵鳥器掛上掛勾。再將
重量8盎司（飢餓松鼠的平均體重）的物品
放到餵鳥器的托盤上。

　　托盤上若有8盎司的重量,則幾乎都按
壓不到按鈕;若托盤上沒有重量,按鈕則
都處在被按壓的情況。這個問題可以使用
衣架勾或焊條,將拉伸彈簧的頂圈往上或
往下拉動進行調整。你可能因此需要在
PVC軟管上另外鑽一到兩個孔,以更改
釘子的位置。圖**BB**或許對你有幫助。再次
提醒,機臂必須要能夠自由轉動。調整完
後,移開8盎司的重量。

　　接著開始享受樂趣!將你做的「甩開松

BB 調整拉伸彈簧

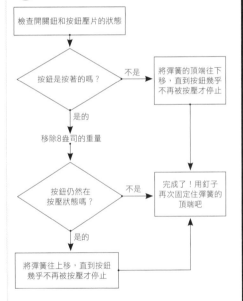

檢查開關鈕和按鈕壓片的狀態

按鈕是按著的嗎? → 不是 → 將彈簧的頂端往下
移,直到按鈕幾乎
不再被按壓才停止

是的

移除8盎司的重量

按鈕仍然在
按壓狀態嗎? → 不是 → 完成了!用釘子
再次固定住彈簧的
頂端吧

是的

將彈簧往上移,直到按鈕
幾乎不再被按壓才停止

鼠的餵鳥器」裝設在離地不高又靠近樹的
地方。接著可以離開小憩一會,給松鼠找
到裝置的時間。等松鼠爬上餵鳥器時,再
按下發送器上的按鈕,其中一個鈕能讓裝
置轉得更快。

　　萬事俱備,讓好戲開始吧! ◈

疑難排解

1. 焊接接點、電線時溫度不夠,
搞反電池的電極,諸如此類。檢查
任一側的按鈕都有確實壓下。

2. 較少碰到的問題是電池裝置的
插頭和電動起子的插座感應不良。
插頭的末端可以用No. 11 X-Acto
的刀,小心地彎曲、扭轉插頭進
行調整。

3. 機臂壓克力部分與木支撐板可
能磨擦產生過大的阻力。讓支架保
持與地面平行,而3½英寸的那一
面要則要保持垂直。拉伸彈簧固定
管應當不要鎖緊,也可以加裝墊圈
讓每個零件不彼此磨擦。最後的手
段則可以添上Teflon潤滑劑。

4. 重讀一次「最後組裝和測試」
章節中用托盤中的食物調整拉伸彈
簧的部分。整體裝置重量會因為松
鼠或鳥吃掉食物而下降,所以你可
能需要再增加重量進行調整。最好
的選擇很明顯會是重新填裝食物,
但必要時我會從套筒扳手組裡拿出
幾個扳手進托盤裡,完全不會影響
到小鳥和松鼠。

到makezine.com/go/twirl-a-
squirrel-bird-feeder看看拋鼠器運
作的樣子。

泡泡升級
Boost Your Bubbles

混合氦氣和空氣讓肥皂水雲漂起來

文：馬科斯・阿里亞斯、哈里森・富勒　譯：屠建明

馬科斯・阿里亞斯
Marcos Ariast
在北好萊塢的奧克伍德學校（Oakwood School）任教的老師，主要負責 7 到 12 年級的 STEAM（科學、科技、工程、藝術及數學）課程。

哈里森・富勒
Harrison Fuller
在奧克伍德學校正要升三年級，打算在畢業後主修工程。他從 10 年級的獨立研究開始打造泡泡印表機。他對軍事史製作會爆炸的東西也有很深的熱忱。

時間：
一個周末
成本：
380～550美元

材料

» 垃圾桶，容量 20 加侖
» 軟管倒鉤，¼" 公 NPT×⅜"
» 軟管倒鉤，¼" 公 NPT×¼"
  (3)
» 彎管，90°，¼" 公
  NPT×¼" 母
» 彎管，90°，¼" 母×¼" 母
» 乙烯基管，內徑 " (6')
» 乙烯基管，內徑 ¼" (2'～3')
» 鍍鋅纜線，⅛"，6 號線規
  (5'6")
» 螺栓，½"
» 管夾，¼" 到 ½" (6)
» 焊槍管
» NPT 塞頭，¼" 母
» NPT 塞頭，¼" 公 (2)
» NPT 接頭，¼" 母
» 焊槍嘴
» Co2 調壓器
» 開關球閥，NPT 公×NPT 母
  ¼"
» 合板，¾"，20"×20"、
  6"×14" 和 3"×4.5"
» 木材，2×2" (8')
» 管卡，½" (2)
» 焊槍
» 螺絲，2" (17)
» 螺絲，1.25" (6)
» PVC 管，¾" (3')
» Ajax 或 Dawn 洗碗精
» 玉米糖漿
» 蒸餾水，溫（1 加侖）
» 小型空氣壓縮機
» 氦氣槽（55 立方英尺）
» NeverWet 塗料 2 步驟套件
  （非必要）

工具

» 捲尺
» 電鑽
» 鑽頭，½" 和 1.4mm
» 奇異筆
» PTFE 膠帶
» 活動扳手
» 扳手，⁹/₁₆"、¹¹/₁₆"、
  ⅝"、¾"
» 剪線鉗，大型和一般
» 一字螺絲起子
» 夾鉗 (2)
» 鋼鋸
» 熱熔膠槍和熱熔膠
» 氰基丙烯酸酯（CA）接著劑，
  即強力膠
» 密封膠帶
» 量杯和湯匙
» 小型容器
» 裝有肥皂水的噴霧瓶
» 砂紙（非必要）

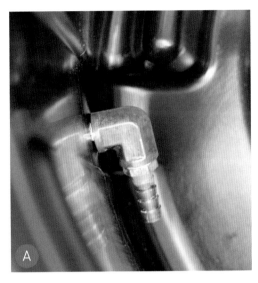

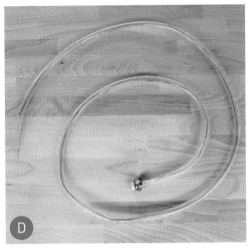

Jordan Weiner

肥皂水＋空氣＋氦氣＝微笑。這個等式應該不用我多做解釋，尤其當你看到觀眾的反應。他們會先微笑，接著問：「怎麼辦到的？」我們會開玩笑說是魔法，然後告訴他們是氦氣。雖然我希望這裡面有魔法，但這其實都是工程和化學。我在 STEAM 科系的格言是「聽了會忘記，看到會記得，手做會理解」。我熱愛動手做，我的學生們也是，所以我問一位學生想不想做一個獨立研究專題來打造讓泡泡漂浮的機器。我們是兩年前開始的，而現在我們正在做 4'×8' 的放大版。眼前這個版本使用垃圾桶，但你也可以用任何容器並做調整。

1. 在容器鑽孔並裝上排氣管配件

在距離垃圾桶底部 2.5" 的地方鑽一個 ½" 的孔。將 PTFE 膠帶貼在 ¼" 公×⅜" 軟管倒鉤和 ¼" 公×¼" 母 90° 彎管上。用 ⁹/₁₆" 和 ¹¹/₁₆" 扳手把軟管倒鉤裝到 ¼" 母×¼" 母 90° 彎管，並從垃圾桶內部穿過孔（圖 A）。

把 ¼" 公×¼" 母 90° 彎管從垃圾桶外部裝上並鎖緊（圖 B），不用擔心孔會漏水，因為水位在它下面。

2. 製作並安裝泡泡排氣管

將長 6' 的 ⅜" 乙烯基管拉直並夾到桌子上。從左邊算起 4" 做標記，接著用奇異筆每 ½" 標記，但在沒有孔的右邊保留 1"。以 1.4mm 鑽頭在標記上鑽孔（圖 C），確認在孔內沒有留下任何塑膠。

拿一段 5'6" 的鍍鋅纜線，從右邊穿過管子。這時趕快拿熱熔膠槍，把熱熔膠塗在管子右邊，然後把 ½" 螺栓推入，接著鎖緊管夾，讓空氣不會洩漏。捲起排氣管如圖 D，並確認孔洞朝上。

將管夾裝在管子的開口一端，把排氣管推到垃圾桶裡的 ⅜" 軟管倒鉤，接著鎖緊管夾。用熱熔膠槍讓排氣管暫時黏著在垃圾桶上，讓它在啟動機器並達到水位以上時不會浮起來。機器開始運作並調整完成後，再用強力膠將它永久固定在垃

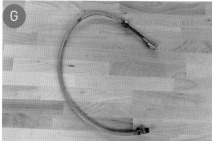

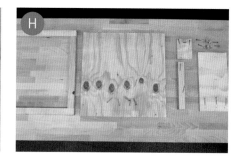

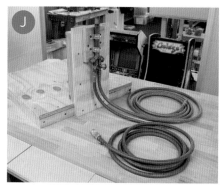

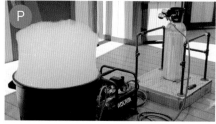

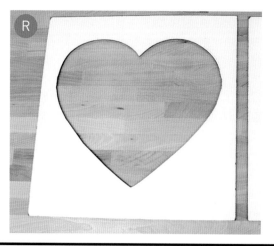

Jordan Weiner, David Sanders @ WET Design

圾桶上（圖**E**）。

3. 打造空氣和氦氣管路

用大型剪線鉗把綠色和紅色焊接噴槍管的一側削掉，連接兩條¼"公NPT×¼"軟管倒鉤。用PEFE膠帶將兩個軟管倒鉤包覆，接著將管夾裝上綠色和紅色管子，再將兩條管子的軟管倒鉤推進去。將¼"母NPT塞頭旋入綠色管子，並將¼"母NPT接頭旋入紅色管子。用¹¹/₁₆"和¾"扳手旋緊，接著將兩條管子上的管夾旋緊（圖**F**）。

將焊槍嘴切掉2"到3"，剛好讓¼"乙烯基管緊緊塞入噴嘴。將¼"管子塞入焊槍並用管夾鎖緊。將管夾套上管子另一端。拿PTFE膠帶貼在¼"公NPT×¼"軟管倒鉤，接著將它塞入另一端，並把管夾鎖緊（圖**G**）。

拿PTFE膠帶貼在¼"開關球閥NPT公×NPT母和¼"母NPT塞頭的公端。將¼"母NPT塞頭接到¼"開關球閥NPT公×NPT母。用⁵/₈"和⁹/₁₆"扳手將調壓器和前一個步驟的組件接合。

4. 打造木支架

將8'的2×2木材裁切成兩段20"、兩段17"和一段12"。用4顆2"螺絲將兩段20"和兩段17"木材固定成框架，每個角落1顆螺絲（圖**H**）。

將20"×20"木材放在框架上，並且用8顆2"螺絲固定。用2顆1.25"螺絲將3"×4.5"木材固定到6"×14"木材。用兩個管卡和剩下的1.25"螺絲將焊槍固定到側面（圖**I**）。

將6"×14"木材的底部鎖到方形底座的一邊。用兩顆2"螺絲把長12"的2"×2"木材固定到6"×14"木材的其中一邊。接著將紅色管線接到左邊，綠色管線接到右邊（圖**J**）。用手鎖緊再用活動扳手收尾。

5. 大合體

先將步驟3製作的焊槍空氣管線連接到垃圾桶，用扳手鎖緊，接著接上焊槍嘴

（圖**K**），然後用扳手鎖緊。

將氦氣槽固定，讓它不會傾倒，或放在氣槽架上。將調壓器接上氦氣槽，並以活動扳手鎖緊。將綠色管線接到空氣壓縮機。將紅色管線接到氦氣槽（圖**L**）。確認球閥為關閉。

6. 檢查有無氦氣及空氣洩漏

將焊槍的閥門向左轉，並將肥皂水灑在所有連接點上。如果在任何連接點出現泡泡，代表有洩漏處，需要鎖緊或以PTFE膠帶重接。務必要將肥皂水噴灑在垃圾桶的連接點，內外側都要。

檢查氦氣管線前先將空氣管線（綠色）關閉。確認調壓器的球閥關閉，焊槍的紅色管線上的轉盤也關閉。開啟氦氣槽並調整調壓器到22 PSI（圖**M**）。打開球閥並將肥皂水灑在所有紅色管線的連接點，以及球閥。確認所有連接點後，關閉氦氣槽並關閉球閥。

7. 製作並標示針盤指示器

列印（或儘量使用雷射切割）針盤，PDF檔案位於 makezine.com/go/bubble-printer。如果採用列印，將每張針盤貼到35×35mm的方形木板，並在中間剪出一個缺口。將模板放到焊槍的指針上。確認閥門已關閉，接著用奇異筆標出關閉位置（圖**N**）。

8. 打造泡泡切割棒

在切割一層層的泡泡時，為了讓它不要黏在PVC管上，我們可以打磨PVC管讓它變得粗糙，並塗上NeverWet。在切割棒的一邊貼上密封膠帶做為把手，如圖**L**垃圾桶上所見。

9. 準備泡泡溶液並
注入垃圾桶

將1.5加侖的蒸餾水注入垃圾桶。確認水位蓋過管子。水位要剛好在我們步驟1切割的孔下面。將2杯溫蒸餾水、½杯

Ajax或Dawn洗碗精和1茶匙玉米糖將在小容器中混合，接著靜置備用。

10. 調整氦氣和空氣

先打開空氣來檢查排氣管，並依需要調整。要把轉盤轉到超過6來讓空氣從所有孔排出，接著轉回去或調整調壓器的PSI。完成後，關閉焊槍的空氣。將空氣壓縮機的PSI調整到45 PSI（圖**O**）。用強力膠將排氣管永久固定。

把步驟9調製的溶液注入垃圾桶，並稍加攪拌。注入時儘量不要產生泡沫。先打開氦氣閥，再開球閥。接著打開焊槍的綠色和紅色管線閥門，依照步驟7的針盤指示器把紅色和綠色都轉到4。

將氦氣壓力調到8和10 PSI之間，空氣調到35 PSI。等待泡泡上升到頂端（圖**P**）並用步驟8的棒子來切割（圖**Q**）。你可能需要調整轉盤讓泡泡漂浮；我給的數字只是起始點。監控調壓器的PSI來調整和觀察每10分鐘的使用量，正常是每10到15分鐘100 PSI。

注意： 泡泡的觸感應該要是乾的，如果是濕的代表溶液太濃，嘗試用2杯水稀釋。

注入的溶液在需要補充前可以使用30到45分鐘。需要補充時，從垃圾桶取2杯水，並回到步驟9。

讓它更好玩

用厚度½"的保麗龍或¼"的防水板切割成造型模板，放在泡泡印表機上就能產生有趣的形狀。 ◉

Skill Builder

專家與業餘愛好者都適用的提示與技巧

保羅・莫爾
Paul Moore

是一位熱血木工，也是 woodworkboss.com 總編。他希望透過 woodworkboss.com 幫助木工同好們順利發展興趣。

表面處理利器－糊狀蠟的使用時機和方法

表面處理利器——
糊狀蠟的使用時機和方法

文：保羅・莫爾　譯：Madison

The Big Finish

木工達人用蠟指南

我們可能永遠不會知道人類是什麼時候發現蠟這個東西，而且還想得到，「欸，它很適合做木工的表面處理！」羅馬人、埃及人和維京人都會使用蜂蠟。我們相信你也會發現用蠟做木工表面處理效果很棒。

為什麼呢？因為大多數水基和油漆混合型表面處理劑不耐磨，往往因物品滑動或摩擦而摩損或劃傷。硬地板也是一樣，這就是必須上蠟保護之的原因。

蠟也能保護你的木工作品。它不僅可以防止磨損，還可以防水分和灰塵。

蠟是什麼

大多數糊狀蠟是提取自巴西東北部原產棕櫚樹（Copernica prunifera）葉的巴西棕櫚蠟。其他的蠟也可用於保護木材飾面，但巴西棕櫚蠟是賣最多的。

使用時機

蠟很少被單獨用於表面處理。它熔點低（140°F），連放杯熱咖啡都不行，也不耐酒精。蠟是塗在新舊塗層之上的最後一道工，讓表面有光澤並保護表面免於磨損。蠟通常用於讓舊塗層重現原貌、恢復光澤，並填滿小刮痕，讓表面保持光滑。

蠟也很適合用於粉筆漆（chalk paint）的表面處理。粉筆漆多孔而且光澤度很差。用蠟做表面處理可以為霧面的粉筆漆增添光澤，並填滿孔隙，比較不容易髒。

蠟品牌很多，但不用擔心買不到所謂最好的牌子。你家附近賣的任何牌子都可以達成任務，你大概只要考慮售價就夠了。

如何使用

糊狀蠟很容易使用，用法依你作品大小稍有不同，原則上不是用刷的就是用抹的，再用柔軟的乾布擦拭掉多餘的蠟，帶出光澤。在拋光之前要等蠟乾，否則會使蠟脫落。你得先讓溶劑蒸發，再拋光剩餘的蠟。

必須等最底層的塗層完全乾才可以上蠟。如果不這麼做，可能會導致溶劑揮發出的氣體留在蠟底下，導致起泡和脫落。記得依照塗層產品容器上的乾燥時間說明操作。

淺色和深色

木材有淺色和深色，蠟也是一樣。製造商提供多種蠟色協助木工處理淺色和深色的飾面。較深色的蠟比較可以隱藏深色表面的刮痕。當然你也可以在深色飾面上使用淺色蠟，但刮痕和磨損可能會比較明顯。

建議不要在淺色木材和淺色飾面上使用深色蠟，因為深色蠟會讓刮痕更明顯。

容易清潔

如果你用一次性刷子塗蠟，用完請把它扔掉。如果不是，請使用蠟製造商推薦的溶劑清洗刷子。如果你用乾布上蠟，在扔進垃圾桶之前，讓它們完全乾燥。在此之前最好先將布泡水，以免著火。

畫龍點睛

蠟並不是原木最理想的表面處理材料，不過在其他的表面處理完成後，再加上一點點蠟，就能更顯光澤。加上這一點額外的保護和光澤可以讓你的作品更出色。下一個作品試試看吧，蠟可能會成為你的最佳木工好朋友喔！●

Полина Стрелкова / Adobe Stock

Woodturning Quick Guide

文：林耿毅　提供：教育之友文化

認識木車旋

有木工基礎的你，不妨挑戰這樣的中階技巧！

林耿毅

業餘木工愛好者。國立政治大學EMBA會計碩士、國立臺灣工業技術學院營建管理碩士。曾任職於上市集團公司擔任顧問、副總經理等職務。

何謂木車旋

木車旋（Woodturning）是將木料固定在車床上，藉由動力的旋轉，以車刀等工具進行木料造型的一種作業。

食器的作品多半是單件式的木料，不需要組裝、輕便、手持，而且幾乎都是圓形的對稱物件。

這樣的特性，讓我們可以在2～5小時內，以木車旋的工具設備與製作技巧來完成。木車旋是木作技法的其中一項，建議讀者如果還沒有木工基礎時，先到木工坊學習相關的基本安全知識、熟識工具與設備，逐漸上手後，就可以開始學習木車旋技術，製作出自己喜愛的食器作品。如果你有自己的場地，後續也可以購置車床，搭配如小型帶鋸、磨刀機等設備，組建專屬的工作室。

木車旋作品的完成主要有四個階段：木料取得、初步裁切、木車旋製作、表面處理。

1. 木料取得：因為環境的關係，我們使用的木料多是已經過蒸煮、去油脂、烘乾的熟材，來源大致上為木工坊販售的毛料、網購木料或邊角料、舊傢俱木料。毛料與網購短料有1英寸與2英寸厚可選擇，端視你的作品需求。木工坊毛料長度約二米五，網購材則大致在60公分長，二者常見寬度在12～35公分；

網購材也有小尺寸見方截面成品材，比如說5公分見方、長度20公分，讓你可以直接車削，無須裁切。讀者也可以在木工坊的廢料箱中尋找邊角料，很多大件製品切割下來的邊角料，卻是木車旋的聖品；一般來說，長紋理方向木料只要超過10公分的，木車旋都可以運用。讀者平時就可以養成習慣，將自己或別人的邊角料，先經過大致裁切，儲存於貨架上，也是一種環保的表現。

2. 初步裁切：將毛料以圓切鋸裁切至適當尺寸，經過平刨、壓刨整平，臺鋸與推臺鋸鋸切出需求長度與寬度，以帶鋸按照設計圖先去除掉多餘木料，便於將木料固定於車床上，增加車削效率（圖Ⓐ）。

3. 木車旋製作：利用車床進行木車旋車削作業，切削出設計的需求尺寸。在工具的使用上，過程輔以測量、車刀等手持工具，完成作品造型。作品完成後由車床卸下，對於不易車削或特殊造型部位可能還需要砂帶機或帶鋸、銑床、圓盤砂等機械協助處理。如果沒有該類輔助設施，則可以手工具來進行，也能達到不錯的效果。

4. 表面處理：木料造型完成後，最終則進行車床上的打磨器打磨，或是車床下的縫隙填補、手工銼刀挫磨、砂紙打磨與上油上蠟等表面處理程序（可參考 P.88～89頁〈木工達人用蠟指南〉一文）。

木車旋基本設備

如果今後我將在家中的工作室進行木車旋，有限的空間裡，只足夠我放置三臺機器，那麼它們將是車床、帶鋸與磨刀機。

1.車床：製作

木車旋食器的主要設備為車床。車床分成四個主要組成部位：頭座、尾座、刀架與床身（圖 B ）。

2.帶鋸

帶鋸（圖 C ）的使用常在木車旋作業的前後，藉以去除木料車削範圍不便利的區域；除了開料用的帶鋸，帶鋸的鋸片一般來說不寬，便於木料的曲線鋸切。

例如：碗類車削前先將其外輪廓由方形木料中鋸切出來，將可以提升面車削作業不少的效率。

3.磨刀機

車刀與刮刀的體型較大，無法以一般的磨刀石進行；而砂輪機稍不注意容易造成刀具退火，所以建議入門愛好者以水冷式磨刀機來進行刀具的研磨（圖 D ）。刀具愈鋒利，對於作業的行為來說愈安全。

木車旋的類別

木車旋的車削類型主要依照木料長紋理固定方向的不同來分為三大類：

» 軸車削作業（Center Work）：將木料以長紋理方向與車床軸心方向平行固定於車床上的方式，稱為軸車削。軸車削作業以打胚刀、軸刀、斜口車刀、截斷刀等一類工具進行車削、刮削與截斷的工作。

» 端面挖深作業（End Grain Hollowing）：其木料固定方式與軸車削一致，只是其動力端以卡盤固定木料，尾端則為旋臂型式，利用軸刀與圓鼻刮刀於木料端面進行挖深。由於端面的強度較高，車削的技巧較為特殊。端面挖深作業由於固定木料的長紋理方向與軸車削一致，並常伴隨其發生，所以有時候也被視為軸車削大分類下的一種。

» 面車削作業（Face Work）：將木料以長紋理方向與車床軸心方向垂直固定於車床上的方式，稱為面車削（圖 E ）。面車削作業以碗刀、刮刀、掏空車刀等一類工具來進行車削、刮削與掏空的作業。

同樣類型、不同作品的尺寸有大有小，如醬料碟、陀螺或花瓶一類，既可能是以軸車削的木料長紋理平行於軸心方向設計，也可以是以面車削的木料長紋理垂直於軸心的方向設計。

一般來說，椅腿一類的作品為軸車削型式，其長紋理方向平行於椅腿長向，藉以抵抗起立、坐下的反覆應力，如右側照片所示。碗盤類作品多為面車削型式，一般在木料上的裁切規劃分佈如下方照片所示；而如果是以端面做為碗底，木纖維之間的連結力較為薄弱，遇碗壁或底部較薄的情形，受力或遇熱就很容易產生龜裂或破壞。

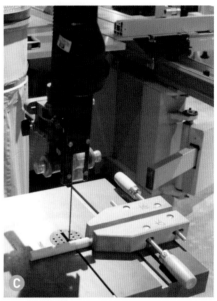

更多關於木車旋的詳細說明與實用技巧、應用實例，敬請參閱《木工DIY食器：打造自己的優雅食尚》（教育之友文化，2018）一書。

長紋理方向

繼電器控制入門

Make the Switch

透過施加或解除電壓來開關繼電器

文：約翰・瓦哥　譯：屠建明

約翰・瓦哥
John Wargo
專業軟體開發者兼作家。於微軟
Visual Studio 應用程式中心擔任專案
經理。你可以在推特 @johnwargo 及
johnwargo.com 找到他。

　　繼電器那絕對的二元（非開即關）特性，一直讓我很著迷。 繼電器基本上是一種開關，你可以利用施加或解除特定電壓來控制繼電器。多數的微控制器專題不需要繼電器，但當你需要開關外部電路，或是當電路需要控制比系統本身更高的電壓時，繼電器就可以派上用場了。

繼電器簡介

　　常見的繼電器有兩種：機械式繼電器和固態繼電器。機械式繼電器採用電磁線圈和實體開關；施加電壓時，開關會啟動。固態繼電器的原理也是如此，但用的不是機械元件，而是用電子元件來達到相同的功能。

　　量產的繼電器模組根據接線的方式，通常有兩種運作模式：常開（NO）和常閉（NC）。

　　圖Ⓐ是繼電器在常開（NO）模式的示意圖。在這配置中，當控制電路沒有被施加電壓（圖中「繼電器靜止」部分），開關電路的連結中斷，電流無法通過接點。當我們在控制電路施加適當的電壓，繼電器內的電磁線圈會啟動，將開關閉上，使電流通過開關電路。

　　常閉（NC）模式則相反（圖Ⓑ）。當繼電器在靜止狀態（對控制電路沒有施加電壓），開關電路是閉合的，電流通過開關電路。當我們對控制電路施加適當電壓，繼電器內的電磁線圈會啟動、把開關打開，中斷通過開關電路的電流。

　　繼電器分別由兩個特性來決定其配置：軸（Pole）和切（Throw）。軸代表開關所控制的個別電路數。單軸（SP）開關控制單一電路。而雙軸（DP）開關控制兩個獨立電路；這兩個獨立電路基本上有兩個相連的開關，連接到各自的電路。當你切換開關時，會同時影響兩個電路。

　　切代表開關所提供的電路路徑數。單切（ST）開關只有一個電路路徑。開關切

Hep Svadja, John Wargo

到某一方向時，電流通過電路，而切到另一方向時，電路斷開，無電流通過。雙切（DT）開關也可以在兩個電路中間設一個「關」位置。

因此繼電器有單軸單切（SPST）、單軸雙切（SPDT）、雙軸單切（DPST）、雙軸雙切（DPDT）等等。

儘管每個繼電器不盡相同，但基本上繼電器是露出至少4個連接點的四角型方塊：其中兩個接點供控制電路使用，剩下兩個接點供開關電路使用。注意繼電器的控制電路的額定電壓及電流（通常以範圍來告訴我們繼電器需要多少電壓和電流來啟動）和開關部分的切換電壓及電流（告訴我們繼電器的開關部分能承受多少電壓和電流）

如果將繼電器接到電路，並且於控制電路施加電壓可以觸發繼電器，但不會穩定運作，因為受鎖存的考量和其他問題影響。以下有幾種比較簡單的方法讓你在專題中運用繼電器！

繼電器模組

如果不想讓繼電器額外接上電晶體、二極體和電阻，許多製造商提供一應俱全的繼電器模組（我看到的繼電器模組多數沒有說明文件，所以要自己把手上的模組摸清楚）。從單路到8路繼電器模組都買得到（圖C）。多數繼電器為搭配Arduino（提供3V）或Raspberry Pi（3～5V）設計。

微控制器外接板（擴充板、HAT 等）

為了讓我們更容易把繼電器用在微控制器專題，有多家製造商針對常見的微控制器平臺推出外接板。這種板子透過GPIO連接埠（Raspberry Pi）或其他微控制器支援的排針直接堆疊到微控制器上。例如Adafruit提供Adafruit Power Relay FeatherWing（圖D）。我也有用Raspberry Pi、Tessel 2、Particle Photon提供的繼電器做專題。

電源控制線

有一個簡單的方法可以避免高電壓所衍生許多的安全疑慮，就是電源控制線，或稱PP（Power Pigtail）（圖E）。電源控制線基本上是擁有一條電線與一個繼電器的黑色盒子，其開關連接點與AC電源插頭內其中一個導體相連。對PP的輸入連接點（圖中接有兩條紅色線）施加特定的電壓（一般在3V和5V之間）時會觸發繼電器，而AC電流會通過電源線。PP一般以NO運作來接線，但也可以配置成NC運作。

驗證繼電器運作

我打造了一組測試治具（圖F）來連接每個專題，讓我更容易判斷繼電器的狀態。這組治具基本上是連接電源（兩個AA電池提供的3V DC）的一組LED，每顆LED露出兩條開放導線。要測試繼電器電路時，我把一條LED導線接到其中一個繼電器的NC接點，在電池座裝入兩顆電池，然後測試我的程式。繼電器觸發時，LED會根據繼電器的狀態點亮或熄滅。

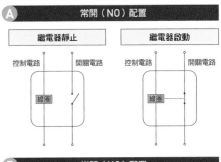

A 常開（NO）配置

B 常閉（NC）配置

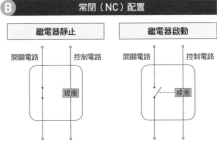

C

D

E

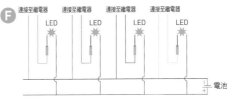

F

欲知繼電器接線、外接板及觸發繼電器程式碼詳情，請前往 **makezine.com/go/elec-tronic-relays**

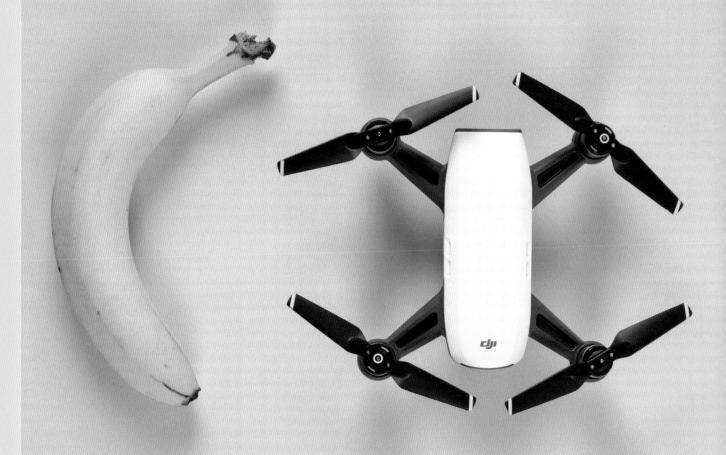

DJI SPARK空拍機 **699美元** dji.com

　　DJI Spark 空拍機發行的時候，老實說，我抱持著懷疑的態度。 這幾年我有在玩一些小型的Wi-Fi控制無人空拍機；但是，這些空拍機遇到有風就會出問題，訊號還會中斷。Spark的體積更小，價格卻差不多，我那時候就想：就算在平靜無風的地方，Spark拍出來的結果大概也不清楚 。

　　結果，經過了幾個月的測試，我改變了想法，即使在風很大的時候在海邊空拍，Spark也沒有四處打轉，螢幕上的確顯示「風大」警告，但是空拍的影像依然犀利！我曾經讓Spark飛到1,500英尺遠之外，這個距離從地面已經看不太到，不過操控依舊沒有問題，影片傳輸也正常（廣告上是說可以飛6,000英尺，不過電池只能撐大概10分鐘，我不知道這樣是不是夠飛6,000英尺，更別說來回是兩倍距離跟時間了）。另外，Spark的正面避障功能也確實有用，還有，Spark真的很輕巧，我把Spark放在盒子裡再放進包包，感覺不到什麼重量。

　　不過，我還是覺得有些地方可以做得更好。比方說，Spark有「跟隨模式」，正常情況下效果很不錯；但我在公園裡滑滑板的時候，有一半的時間都失去偵測訊號。

　　此外，Spark沒有航點規劃功能，對製圖或自動搜救等應用會造成影響；攝影機的最大解析度只有1080p，空拍機的盒子裡有留一個空間，讓你可以放另一個控制器（當然，有多一個控制器很棒）。但如果讓盒子空著感覺就有點奇怪。

　　不過，無論如何，我就是個業餘愛好者，不是專業的無人機空拍玩家；Spark空拍機或多或少讓我發現了這一點，甚至覺得這也不是件壞事。現在看其他空拍機的時候，覺得好笨重，如果我想玩空拍的時候，我會毫不猶豫地走去拿Spark空拍機！

　　——麥克・西尼斯

Hep Svadja

MU SPACEBOT 機器人

60美元
morpx.com

Morpx出品的MU SpaceBot是一款有趣的教育用機器人，與其他類似訴求的機器人套件不同，MU SpaceBot並不強調肢體動作。整臺MU SpaceBot配有2軸萬向接頭，「大腦」配有攝影機，使得MU SpaceBot可以「看」見你的臉，外型部分就是簡單的木製軀幹，這款機器人的訴求就是可以和你「眼對眼」。

臉部追蹤功能的確讓這款機器人與眾不同，機器人可以跟著你的眼睛，加上一些預錄好的聲音訊息，確實滿有趣的。

玩過臉部追蹤跟音樂鍵盤功能這些預先設計好的功能之後，你可以自行撰寫程式，加入新的功能！你可以用Android或iOS應用程式來撰寫，這個程式設計環境有點像Scratch，只要用拖拉積木的方式就可以編輯動作了。我大概花了30秒鐘，就學會讓機器人追蹤人臉，或是說一些話！

我不只很喜歡機器人本身的設計，簡單大方，也非常喜歡客製化的部分。買機器人的時候，他就有附一些有黏性的板子，可以用來改造機器人的外觀。因為手機的規格限制，我沒辦法透過USB連接機器人。如果你也有類似的困擾，我會推薦購買藍牙版（Bluetooth model，69美元），這樣比較不會有連接的問題。換個角度來說，這也剛好讓我有機會測試一下他們客戶支援做得怎麼樣，在我詢問相關問題之後，他們幾個小時內就給我答覆了！

——卡里布・卡夫特

LJD61UP 鍵盤套件包

105美元起 1upkeyboards.com

做為電腦主要的輸入系統，鍵盤佔據我們生活的重要部分。大部分的鍵盤都沒什麼特別的，不過，1UP Keyboards就是為此而設計的，他們希望可以提供高品質的鍵盤給大家使用。

這款套件包簡直就是鍵盤狂熱者為鍵盤狂熱者打造的產品，具備驚人的彈性，不僅外觀可以客製化，連觸感都可以改造！你喜歡鍵盤比較有「敲感」還是比較好按呢？你需要重磅鍵盤來承受你的「敲擊」嗎？還是輕便、好帶最重要呢？還有，如果鍵盤的每一個按鍵顏色都不同，是不是很酷！有了這款套件包，所有夢想都可能成真！我的鍵盤用的是不鏽鋼，「敲感」很好，GH60的印刷電路板設計已經讓焊接輕鬆很多了，不過要讓整排按鍵直直排好，還是需要一些功夫。製作鍵盤的時候需要大量焊接，關於這一點，可能要有心理準備。

我超喜歡這款鍵盤的——簡直讓人回不了，筆記型電腦的鍵盤相比之下真是有點脆弱。如果你的工作需要打很多字的話，歡迎來試試1UP！

——麥特・史特爾茲

AWK-105類比電壓表時鐘

99美元 awkwardengineer.com

在逛去年秋天的World Maker Faire時，我看到一個攤位上有人在排隊看類比電壓表。走近一看，發現那其實是時鐘，我立刻興奮了起來。我超喜歡時鐘的，我覺得人類創造出表現時間的方式都很迷人。

Awkward Engineer出品的類比電壓表時鐘（Analog Voltmeter Clock）表面有兩個類比電壓表，你知道的，這就是那種老派的電壓表，在LED或數位訊號電路技術之前，用指針來表示電壓水平的那種。表面看過去有兩個電壓表，一個代表小時、一個代表分鐘，電壓表（時鐘）上面有兩個鈕可以調整時間。這個時鐘感覺就像是冷戰時期會放在碉堡裡的東西。除了一般模式之外，還有「顫動模式」，只真會先晃動一下，再跳到正確的時間，跟量電壓一樣！

如果你要為工作室、實驗室、辦公室甚至家裡找個時鐘的話，這款類比電壓表時鐘是個很有趣的選擇！

——麥特・史特爾茲

SUCKIT集塵裝置

80美元 suckitdustboot.com

擁有玩家級的CNC雕刻機，生活會多很多樂趣。它們可以在木頭、塑膠、和許多不同的素材雕刻出精確的圖樣；不過，雕刻時也會產生很大的噪音與粉塵。這個時候，Suckit集塵裝置就可以派上用場。Suckit可以用在X-Carve跟Shapeoko 3系統，垂直於地面、高度可以調整，不管你雕刻的東西高度為何，你都可以剛好把集塵裝置罩在上面。集塵裝置本身還有支持手臂都是壓克力製，磁力式固定裝置使得拆裝都很輕鬆。手臂的部分用手轉螺絲固定，整個裝置都接在一個垂直的起重裝置上，用4顆六角螺絲固定，只要花幾分鐘就可以完全拆下。

最棒的是，這款集塵裝置不但可以吸走有害健康的粉塵，也可以吸走比較重的東西。值得注意的是，Suckit只能搭配2.5"的集塵管使用；如果你用的是比較小臺的吸塵器，用的是1.25"的管子，那可能需要加一個轉接器。無論如何，Suckit集塵裝置都是很好的投資，在任何CNC工作室都很適合！

——泰勒・溫嘉納

BOOKS

子彈筆記術：隨時都能開始的超簡單記事法，輕鬆掌握生活大小事

作者：瑞秋・威爾克森・米勒

13美元 theexperimentpublishing.com
（中文版由高寶出版）

我之前根本不知道什麼叫子彈筆記術，正因為如此，我才會開始閱讀這本書。子彈筆記本上沒有線，只有一行一行的點，有點像方格紙。作者瑞秋・威爾克森・米勒詳盡地描繪了這些一行一行的點可能的應用方式，她介紹了許多例子，相信你一定會受到啟發，應用當中的一些概念。

而且，作者沒有要強迫大家照單全收，她特別強調，讀者可以自由採用她的建議，或者完全不想採用都沒有關係。我是真的受到啟發，決定好好嘗試作者介紹的方法。我現在已經用到第五頁，完全愛上。

這種筆記本好有彈性，我可以加上我的行程、想法、記帳或是寫一些其他的東西，一本筆記本就可以行走天下！

——潔絲敏・李文斯頓

畫這本書！用水彩揭開你不為人知的美術天分（暫譯）

柴契爾・赫德與約翰・卡希迪合著

25美元 theexperimentpublishing.com

我的美術天分真的不為人知，我覺得這本書簡直就是為了我們這種人而寫。書的一開始有很詳盡的說明，每一個步驟也有很清楚的指引，不但提供很多竅門，也有很多「空間」讓你揮灑創意。在書的一開始，介紹技法之前，作者就提出「以你自己想要的方式接觸藝術」，對於像我這樣沒什麼自信的人來說，這讓我感覺好多了，我因而更敢於嘗試。

——潔絲敏・李文斯頓

一讀就懂 micro:bit：給程式新手的開發板入門指南

沃弗拉姆 · 多納特
380元　馥林文化

這個放得進口袋的迷你電腦，有小小心機與強大功能。本書將帶你從基礎安裝到全盤掌握，讓想寫的遊戲與應用程式從腦海一躍而上數位平臺。

由英國廣播公司BBC設計的micro:bit旨在提升英國青少年數位素養，輕鬆學習感測器、藍牙通訊、內嵌作業系統。在本書的旅程中，我們也將認識數位領域的明日之星：物聯網。本書將深入介紹micro:bit微控制板上的硬體，用內建的網頁工具與更多更強大的程式開發環境，潛入程式編寫的核心。

圖解電子實驗進階篇

查爾斯 · 普拉特
580元　馥林文化

電子學並不僅限於電阻、電容、電晶體和二極體。透過比較器、運算放大器和感測器，你還有多不勝數的專題可以製作，也別小看邏輯晶片的運算能力了！做為暢銷書《圖解電子實驗專題製作》（Make: Electronics）的進階篇，本書將為你帶來36個新實驗，幫助你提升專題的計算能力。讓《圖解電子實驗進階篇》帶領你走進運算放大器、比較器、計數器、編碼器、解碼器、多工器、移位暫存器、計時器、光帶、達靈頓陣列、光電晶體和多種感測器等元件的世界吧！

Prototyping Lab 第2版——「邊做邊學」，Arduino 的運用實例

小林茂
680元　馥林文化

「打造原型」是從試著利用硬體與軟體讓腦海裡的創意片段得以具體成型的步驟開始。取代紙筆的是將各種感測器、致動器、簡短的程式碼組合起來，利用硬體素描，再把玩看看，無法正常運作就拆掉、重新再做一次。重複這個過程可以讓原本只是片段的創意發展成整合性的概念。當概念成形，就開始打造與實際產品或作品一樣，能看得見、摸得到、感覺得到的概念原型。透過這個流程讓藏在已知裡的未知具體成形，就是所謂的打造原型。本書介紹的打造原型工具包含開源的工具套件、Arduino、Processing 等，請大家務必透過打造原型的步驟，體驗一下未知的體驗所帶來的樂趣。

自由自造：風靡世界200個城市，數百萬人投入，改寫全球製造版圖的創客運動，正在翻轉我們的教育力、工作力以及思考力！

戴爾 · 道弗帝、亞麗安 · 康拉德
460元　商周出版

創客運動正在改變由誰製造、製造什麼、要如何製造、在哪製造的故事。這是場原型革命，從小規模出版的革命出發，讓更多人將點子化為真實有形的物品。經濟學者傑瑞米 · 理夫金（Jeremy Rifkin）稱之為「第三次工業革命」，《Wired》雜誌編輯克里斯 · 安德森（Chris Anderson）則說這是「新工業革命」。不管叫什麼革命，你都不會看到工廠出現更多人埋首苦幹，而是愈來愈多人擁有自己的設備，或者就像在健身房使用健身器材般容易，接觸這些工廠設備。創客運動不僅是經濟改革，也是創意文化的變革，前進藝術和科學、科技與手創的創意蓬勃，是親自手作的「文藝復興」，創造出全新工具、打造出嶄新的思考方式。

在本書中，作者戴爾 · 道弗帝就像你的個人導覽，帶著賓客和記者在自造展間穿梭，帶著你認識創客運動實例的人物和案子。

BROTHER SE625

文：麥特・史特爾茲
譯：屠建明

新增的彩色觸控螢幕讓這個優越的縫紉機系列更進一步

SE625 把布料上刺繡標誌和設計變得非常簡單。 Brother 的新系列綜合型縫紉機之一的 SE625 為受歡迎的 SE4XX 系列帶來了一些不錯的升級。SE625 搭載明亮、相對高解析、全彩的觸控螢幕，在縫製前讓您先看到設計的成品。機器正面還是有幾個重要的按鈕，但多數的控制現在由觸控螢幕處理。

內建設計

SE625 有 80 種內建樣式和 9 種字型。隨附的 CD 提供更多樣式，而你可以建立自己的設計，再用 USB 隨身碟來複製。建立傳輸到機器上的設計需要特殊的刺繡軟體，不巧的是這種軟體要價不菲。但是 Brother 有提供 PE Design 的試用，所以至少可以用它來起步。我最初幾次嘗試讓這款機器刺繡樣式以失敗收場，但調整線料張力後就順暢運作，在我眼前繡出美麗的樣式。彩色刺繡也不是問題，機器會自動剪線並暫停，讓你換下一個顏色的線。

穿針

聽起來可能有點好笑，但我最喜歡的功能之一是自動穿針按鈕。我用過很多縫紉機，而我們也都知道拿線穿過針上的小孔有時候很難。SE625 用一個壓槓桿的動作就解決了這個問題，每次都完美穿針。

什麼都能繡

我經營駭客空間，而我們在準備活動時常做的一件事是把標誌放到東西上面。我們會做自己的 T 恤、雕刻和雷射切割招牌、和把黑膠標誌幾乎貼在所有東西上面。有了 SE625 這樣的縫紉機後，你就能製作更有專業質感的 T 恤和各種織物，讓你的品牌再升級。

■ **網站**
brother-usa.com

■ **機器類型**
刺繡及縫紉

■ **製造商**
Brother

■ **機本價格**
360 美元

■ **成型尺寸**
102×102mm

■ **基本價格所含附件**
壓腳配件：扣眼壓腳、拉鏈壓腳、Z形壓腳、鈕扣壓腳、布邊壓腳、盲縫壓腳、花押字壓腳、刺繡壓腳。200 種刺繡設計CD、配件包、線軸（4）、拆縫器、針組、圓頭針、雙針、清潔刷、眼孔沖頭、螺絲起子、線蓋（3）、刺繡線預捲線軸（3）、額外線柱、電源線、及操作手冊。

■ **其他供測試配件**
無

■ **離線操作**
有，內部記憶體、USB

■ **機上控制**
有，全彩LCD觸控螢幕及按鈕

■ **作業系統**
軟體採Windows。設計也可從Mac傳輸。

■ **開放軟體**
否

■ **開放硬體**
否

讓刺繡機帶你的品牌更上一層樓

專家建議

刺繡軟體可能比機器本身還貴，但是不用擔心，有比較低價的選擇。歡迎參閱我們的軟體選項完整指南，位於makezine.com/go/embroidery-software。

購買理由

明亮、全彩的觸控螢幕是受歡迎的 SE4XX 刺繡機系列的一大升級，讓 SE625 使用更容易，也更方便預覽成品。

Hep Svadja

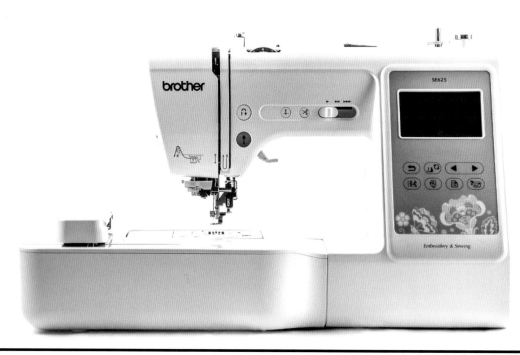

SHOW & TELL

這些讓人驚豔的作品都來自於像你一樣富有創意的Maker

許多炫目的企劃來自於許多就像你一樣的發明自造者。自造一半的樂趣來自於分享你做了什麼。在Maker Share和我們一起展示、分享你的專案。

文：喬登．拉米
譯：敦敦

① 魏斯．史威（Wes Swain）以這座獨一無二的水泥大怒岩（Thwomp）將他對復古遊戲的愛化為永恆。

② 馬丁．雅各（Martin Jacob）為了他成立四年的音樂經紀公司打造了這臺由RFID控制的簡單MP3播放器。

③ 馬修．達爾頓（Matthew Dalton）和馬庫斯．席林（Markus Schilling）想吸引路人眼光，於是設計了這些可以追蹤動作、風向

④ 艾夏．拉赫瑪（Esya Rachma）為了在多變的天氣狀況中也能吊掛衣物，提供了這個設計巧思。

⑤ 這座鐘塔不只看起來超酷，還是由**5伏特**（**5 Volts**）所打造的，所以他是唯一能看懂鐘塔時間的人。

⑥ 亞歷斯．沃夫（Alex Wulff）最近組裝的這臺天氣顯示器可以嵌在任何裝置上，也可以直接放在桌上。

⑦ 這臺厲害的播放器是由阿蘭．莫爾（Alain Mauer）打造的。這樣他的自閉症兒子就能自己觀賞影片。

⑧ 厭倦背著背包到處跑嗎？坦納．帕克漢（Tanner Packham）將他新的滾輪背包進行了機動性的升級。

⑨ 羅伯．萊恩-席爾瓦（Rob Ryan-Silva）與柬埔寨的需求之人（People In Need）機構聯手合作，製作了能救人一命的洪水警報